방문을 닫는 아이
대화를 여는 아이

KB049390

사춘기 자녀의
올바른
성장을 위한
엄마 공부

방문을
닫는 아이

대화를
여는 아이

미셸 이카드 지음
이주혜 옮김

시공사

일러두기

― 본문 내용은 가능한 한국 실정에 맞게 순화 및 번안하여 표현하였습니다.
― 미국의 교육과정은 초등과정 6년, 중등과정 6년, 고등과정 4년으로 되어 있습니다. 주마다 학제는
   차이가 있지만 기본적으로 초, 중, 고등학교 과정은 합쳐서 12년으로 동일합니다.
― 각주는 편집자주 및 역자주입니다.

내가 아끼는 중학생 엘라와 데클란에게.

SNL 최초의 남매 듀오로 너희를 보게 될 날을 고대한다.
너희의 열혈팬 아빠와 나를 끊임없이 웃게 해주어서 고맙구나.
심장이 터질 만큼 너희를 사랑한단다.

— 엄마가

"중학교 학교생활에 대해 가르치는 교육과정 '아테나의 길'과 '영웅의 추구'를 창립한 미셸 이카드는 사려 깊은 마음과 부드러운 유머를 겸비하고 힘겨운 중학교 시절의 길잡이가 되어줄 확고하고도 정확한 조언을 공유한다. 이카드는 한창 발달 중인 자녀의 두뇌를 고려해 부모가 '보조 관리자'가 돼야 하며 더 천천히 생각하고 문제를 해결할 수 있도록 지도해야 한다고 말한다. 또 지나치게 엄격한 관리자가 되기보다 공감할 줄 아는 코치가 되라고 조언한다. 저자는 구체적인 대화의 예시도 보여준다. 또 부모의 감독 아래 아이들이 새로운 모험을 시도해보고 소셜미디어를 직접 사용하게 하는 등 독립의 여지를 더 많이 안겨주라고 권한다. 가장 인상 깊은 점은 이카드는 빠르게 변화하는 사춘기 시기 부모와 자녀가 서로간에 더 끈끈한 관계를 맺고 싶어 한다는 진실을 알고 있는 똑똑하고 공감할 줄 아는 부모들의 친구라는 점이다."

— 〈퍼블리셔스 위클리〉

"예비 중학생이나 현재 중학생을 키우는 부모들에게 훌륭한 지침서다. 미셸 이카드는 친구의 목소리로 유머와 실천적인 도움말을 가득 담아 10대 초반 아이들의 행동에 대한 통찰력과 해법을 알려준다. 또한 중학생 자녀가 독립심과 자신감을 얻도록 도우려면 어른들이 무엇을 해야 하고 무엇을 하지 말아야 하는지 알려준다."

— 멜리사 홀스 의학박사, 《소녀학: 소녀를 위한 성장 안내서》 저자

"유머와 공감대, 그리고 뛰어난 통찰력으로 무장한 이 책은 한 권의 책이라기보다는 커피를 마시며 친구와 나누는 대화처럼 느껴진다. 미셸 이카드는 부모 입장에서 발달에 관한 첨단 연구결과와 전문 용어를 쉬운 언어로 옮겨 청소년기 초반에 겪는 우여곡절과 성장과정에 대해 알려준다. 이 책을 통해 자녀의 중학교 생활이 특별하며 열정적이며 잠재력이 가득한 인생으로 나아가는 한 단계로 바뀔 것이다. 책을 읽고 나면 아이가 달라 보이고 자신의 중학교 시절을 떠올리지 않을 수가 없을 것이다!"

— 베스 A. 콧칙 박사, 메릴랜드 로욜라대학교 부교수

"중학교란 정말 다니기 힘든 곳인가? 자녀가 중학교에 들어가면 다시금 나의 학창시절이 떠올라 자녀의 학교생활이 불안해지는가? 더는 걱정하지 마라. 미셸 이카드가 지혜와 아량과 선견지명을 갖추고 자녀의 중학교 생활을 헤쳐나가는 전략을 제시하는 놀라운 일을 해냈다. 저자는 매우 능란하게 이야기와 과학적 연구를 엮어낸다. 독자들은 똑똑하면서도 공감할 줄 아는 씩씩한 친구와 함께 브런치를 먹는 듯한 기분이 들 것이다. 자녀가 힘겨운 시기를 통과하는 내내 유능하고도 차분하게 양육할 수 있게 부모에게 힘을 실어주고, 자녀의 사춘기 시기를 기꺼이 즐길 수 있도록 영감을 줄 것이다."

— 로지 몰리너리, 《아름다운 당신》 저자

"청소년 가족을 위해 일해 온 지난 25년 동안 중학생과 일하겠다고 나선 사

람은 고작 두 명뿐이었다. 자녀의 중학교 시기 부모들이 갖는 부담과 스트레스는 저자가 설명한 그대로다. 지금껏 나와 함께 해온 가족들, 내가 가르친 학생들에게 이 책을 늘 가까이 두라고 당부할 생각이다."

— 브라이언 포맨 교육학 박사, 청소년 사목 상담사, 《커넥트》 저자

"중학생 자녀 양육은 부모에게 가장 까다롭고 힘든 시기다. 저자는 10대 자녀가 직면하는 실생활 속의 문제들에 대한 구체적인 해결책을 제시하며 부모들을 안내한다. 저자의 실천적인 조언과 유머러스한 문체 덕분에 쉴 틈 없이 일하는 부모들도 쉽게 읽을 수 있다."

— 시아나 크로즈비, 공인임상사회복지사 · 텍사스 아동지도센터 소장

"중학생 자녀를 둔 부모와 교사, 아이도 이 책을 통해 큰 도움을 받을 수 있다. 명징한 글쓰기와 온정, 유머를 통해 저자는 중학교라는 어둡고 무서운 곳의 구불구불하고 험난한 지형을 가로지를 직선로를 제시한다. 저자는 개인적인 일화와 과학적 연구, 전문적인 통찰력을 한데 엮어 부모와 교육자들에게 중학생 자녀와 이 시기를 무사히 헤쳐 나가는 데 필요한 모든 도구를 준다. 저자는 중학생 자녀와 부모가 소란스럽고 거친 시간을 함께 견디는 완벽한 동지가 되도록 도와준다. 그러나 이카드의 가장 위대한 선물이자 이 책의 주된 성취는 사춘기에 대한 두려움을 없애준 데 있다. 마지막 장에 이르면 모든 독자가 중학교 시기가 더는 두려운 시간이 아니라 맘껏 즐기고 축하할 시

간임을 느끼게 될 것이다. 중학생과 살거나 함께하는 모든 이에게 추천한다."

— 에린 디모우스키와 엘런 윌리엄스, 현명한 엄마들의 자매회
(www.sisterhoodofthesensiblemoms.com)

"미셸 이카드는 그동안 상당한 오해를 받아온 사춘기 청소년들을 향해 이해
심과 온정과 지혜를 베푼다. 중학생 자녀의 부모라면 이 책을 집어들길 권한
다. 아이들이 더 좋아할 것이다!"

— 비키 아바데스코, 《자유롭게: 안전하고 재미있고 폭력 없는 세상 만들기》 저자

"견고한 연구와 혁신적인 아이디어와 청소년과의 오랜 경험이 멋지게 혼합되
어 있다. 미셸의 책은 구체적인 것들, 다시 말해 무엇을 어떻게 말하고, 어떤
걸 말하지 않고, 말하는 동안 어떤 표정을 지어야 하는지를 명쾌하게 다룬다.
아이들에게 어떤 조언을 해야 할지 모를 힘겨운 상황을 구체적으로 짚어준
다. 학교 상담교사로서 중학생이나 중학생의 부모와 대화를 나눠야 하는 현
실적인 어려움에 직면할 때마다 미셸의 책을 살펴본다."

— 웨스 칼브레스, 샬롯-멕클렌버그 교육구 중학교 상담교사

레노어 스케나지 《자녀 방목하기》 저자

어떤 부모들은 자녀의 중학교 입학을 앞두고 결혼식 전날 밤 느꼈던 감정에 시달린다. 엄청난 흥분과 함께 찾아오는 두려움!

'다시는 예전으로 돌아갈 수 없다.'

모두 사실이다. 부모도 아이도 이제 예전으로 돌아갈 수 없다. 좋은 소식이라면 아무리 놀랍고 소란스러운 일이라도 결국은 통과할 것이며 매년 점점 독립적인 인격으로 성장하는 아이를 보고 뿌듯함을 느낄 수 있다는 것이다. 또 다른 좋은 소식은 이 여행길에 당신만이 아니라 미셸 이카드가 있다는 사실이다!

'부모로서 알아야 할 것'을 주제로 하는 토론회에 참석했는데 그곳에서 처음 미셸을 만났다. 내가 먼저 '우리 아이들은 겁쟁이들이 주장하는 것보다는 훨씬 똑똑하고 유능하다'고 주장했다. 성도착자나 범죄자와 같은 심각한 사안부터, 심지어 비유기농 포도 섭취의 위험성까지 아이들 양육에 관한 위험들은 늘 부풀려졌고 그 결과 '치맛바람 자녀양육'이 생겨났다고 말이다.

나는 그게 청중이 알아야 할 모든 것이라고 생각했다. 그때 미셸이 마이크를 잡고 아이들이 중학교에 들어가는 시기에 겪는 신체적, 사회적, 감정적, 기술적 변화에 대해 설명하기 시작했다.

나는 가방을 뒤져 종이와 펜을 찾아 메모하기 시작했다.

그 통찰력이라니! 엄청난 통찰력이었다! 미셸은 퀴리 부인이 라듐을 연구하듯이 중학생들을 연구했다. 물론, 미셸은 중학생 때문에 죽지는 않았다. 아직까지는…!

그녀는 사춘기 자녀를 키워야 하는 부모들에게 불안감을 조장하지 않았다. 그저 따뜻한 온정으로 현실 속의 수많은 아이들과 부모들을 돕고 있었다. 그녀가 알고 있는 것만으로도 책 한 권은 족히 채울 수 있었다.

그리고 실제로 책 한 권을 채웠다. 당신이 들고 있는 이 책을 말이다. 망설일 시간이 없다. 사춘기에 돌입한 자녀를 둔 부모라면, 지금 당장 이 책을 읽어라.

이 책을 읽어야 하는 이유

이 책은 사춘기, 구체적으로 중학생 자녀를 양육하는 방법에 대해 다룬다. 중학교 시절은 순탄치 않다. 아이들뿐 아니라 부모들 역시 마찬가지다. 아이들 입장에선 "아, 학교생활 정말 만만치 않네"라고 생각할 터이고, 부모 입장에선 "우리 애가 중학생이 되더니 너무 달라졌어"라는 생각이 들 것이다. 두 가지 입장이 만나면 '맙소사!'라는 소리가 절로 나올 수밖에. 그러나 재앙과 다름없는 두 가지 입장이 만나 의외로 훌륭한 시너지가 생겨날 수도 있다. 이 책을 다 읽고 나면 사춘기 자녀와 부모가 반드시 갈등을 겪을 필요가 없으며, 자녀의 사춘기 시기를 모두가 즐겁게 보낼 수 있는 법을 알게 될 것이다.

혹시 아이가 좀 컸으니 자녀교육이 수월해질 거라고 착각하는 부모가 있을지도 모르겠다. 반대로 나사를 더 단단히 조일 때라고 생각할 수도 있다. 그러나 부모와 자녀 모두가 행복한 '중학교 생활'을 보내는 핵심 비결은 부모가 느슨해지거나 나사를 더 조이는 것과는 아무런 상관이 없다. 초등학교 때까지와 '다른 방식'으로 자녀교육에 접근하는 게 핵심이다.

○●● 아이가 본격적인 사춘기에 접어드는 중학생이 되면 자녀교육의 판도가 바뀐다. 부모들이 몇 가지만 바꾼다면 자녀의 중학교 시절 내내 부모와 아이의 삶이 훨씬 만족스러울 것이다.

구체적이고 실용적인 솔루션

당신은 자녀가 중학교에 다니고 있어서, 혹은 곧 입학할 예정이라서 이 책을 펼쳤을 것이다. 아니면 작가인 나의 지인이라 집어 들었든지. 두 경우 모두 감사드린다. 만약 당신이 전자의 경우라면 나는 두 가지는 확신할 수 있다. 중학생이 된 아이에 대해 궁금하다는 것, 그리고 굉장히 급한 상황에 처했다는 것.

자녀가 중학교에 들어갔을 때 즈음의 삶은 얼마나 부산스러운가! 카르페디엠, 급할수록 돌아가라, 현재에 충실하라…. 자동차 뒷좌석 유리창에 흔히 붙어 있는 문구들이다. 틀린 말은 아니다. 그러나 사업을 운영하는 바쁜 워킹맘으로서 내가 가장 흥분되는 순간은 할 일 목록을 허겁지겁 지워가며 '오늘 저녁은 소파에 혼자 앉아 요리 경연 프로그램인 〈탑 셰프〉를 볼 수 있을 것 같아'라고 가늠하는 순간이다.

이런 말을 하는 이유는 나 역시 부모이고 이 책이 부모들이 실제로 겪고 느끼는 상황들에 맞춰 현실적인 조언을 다룬다는 사실을 알리고 싶어서다. 이 책은 중학생 자녀를 둔 가족이 직면하는 가장 보편적인 문제들에 관한 실천적인 해결책을 다룬다.

연구와 경험을 바탕으로 하는 솔루션

부모와 자녀가 고통 없이 중학교 시기를 보낼 수 있도록 연구 사례들을 읽고 분석했으며, 그 정보를 부모들이 자녀교육에 무리 없이 적용할 수 있게 쉬운 말과 실천법으로 소화시켰다. 중학교라는 머리 아픈 시절을 가능한 고통 없이 보내기 위해서 구체적으로 부모들이 자녀에게 무엇을 언제 말해야 하는지 알려줄 것이다.

○●● 이 책은 청소년에 관한 최신 과학적 연구내용, 10년 이상 중학생 아이가 있는 가정들과 함께해온 나의 경험을 바탕으로 썼다.

10년 전 나는 여학생들이 중학교 생활을 무사히 헤쳐 나가도록 돕는 교육과정 '아테나의 길'을 만들었다. 얼마 후에는 남학생 대상 프로그램 '영웅의 추구'도 개설했다. 이 교육과정은 미국 내 여섯 개 주에서 학기 중 수업으로 채택됐다. 그동안 수백 명의 교사와 학부모를 대상으로 아이들이 중학교라는 시기를 발전적인 시간으로 보낼 수 있게 도와주는 방법을 가르쳐왔다. 나의 웹사이트 'MichelleintheMiddle.com'은 중학생 자녀를 키우며 온갖 일을 겪는 부모들이 조언과 위안을 구하러 찾아오는 공간이다. 지난 10년간 중학생 양육과 관련한 수많은 일들을 겪으면서 나는 아이들의 삶에서 중요한 중학교 시기에 관한 강력한 결론을 얻었다.

- 중학교 생활은 아이와 부모 모두 즐거울 수 있고 또 즐거워야 한다.
- 중학생 자녀는 부모를 벗어나 더 많은 자유를 탐험할 필요와 자격이 있다.
- 부모는 중학생 자녀의 성취와 실패를 진지하게 받아들이면서 동시에 '부모의 개인적인 일'로 받아들이지 않아야 한다.
- 중학생 자녀교육은 초등학생 자녀교육과 완전히 다르므로 부모는 자녀와 소통하는 방식을 바꿔야 한다.
- 중학생 아이의 '사회생활'은 아이의 발달에 매우 중요한 만큼 존중하는 마음으로 대해야 한다.

이해할 수 없지만 사랑스러운 중학생

사실 중학생들은 어른들이 이해할 수 없는 수많은 일을 벌인다. 아이들이 부모를 당황시킬 수도 좌절시킬 수도 있지만 나는 매번 그들의 인상적인 모습에 감동한다. 청소년들이 즐겨보는 소설을 살펴보고 등장인물과 그들을 향한 반응을 보자. 중학생만큼 사회적으로 부당한 대우를 받는 약자를 향한 공감능력이 뛰어나고, 인류를 향한 낙관주의와 신념이 투철하며, 자신의 믿음에 대해 큰 열정을 품은 존재가 없다는 것을 알 수 있다.

> ○●● 어린이는 산타클로스, 요정, 용 같은 환상의 마법을 믿지만, 중학생은 정의와 희망, 무한한 가능성과 같은 현실 세계의 마법을 믿는다.

성장단계에서 중학교 시기가 중요한 이유

중학생이나 예비 중학생의 부모라면 자신의 청소년기를 자주 떠올릴 것이다. 어린이집에 자녀를 맡기고 나올 때도 괜시리 가슴이 찢어질 듯 아팠는데 중학교도 만만치 않다. 큼직한 중학교 정문을 통해 갑자기 훌쩍 커버린 아이들 틈바구니로 자식을 보내려니 걱정이 태산이다. 못되게 구는 여학생들, 사춘기 남학생들, 악의적인 소문, 파티, 시기와 질투, 모함, 완전히 망해버린 헤어스타일로 등교했던 날까지…. 그 옛날 중학교에 다닐 때의 온갖 끔찍한 경험이 떠올라 등골이 오싹해진다. 꼭 내가 다시 중학교에 입학하는 기분일 것이다. 나는 지금도 내가 중학교에 다니던 시절 유행했던 헤어스프레이 냄새가 코끝을 맴돈다.

자녀의 중학교 시절만큼 부모들이 고생하는 때도 없을 것이다. 왜일까? 지금까지 아이들은 사회적, 지적, 감정적, 신체적으로 발달해왔다. 중학교에 들어가는 시점이 되면 아이들은 어른이 되기 위한 '세 가지 건설 계획'에 본격적으로 착수하는데 바로 신체의 성장, 두뇌의 성숙, 그리고 고유한 정체성 확립이다. 이것이 중학생이 해야 할 주요 과제다. 이렇게 엄청난 임무를 수행하는 동안 성적도 챙겨야 하고 방과 후 활동에도 참여해야 한다.

그런데 이 건설 계획의 대부분이 제대로 굴러가지 않는다는 게 문제다. 계획을 실천할 중학교는 충동적인 실수와 넘쳐흐르는 감정과 비합리적인 오해와 새롭고 충격적인 냄새로 가득 차 있는 곳이니까 말이다.

○●● 기저귀 가는 게 힘들다고 생각했는가? 뭐가 더 힘든지 '중2병' 자녀를 키워보고 나서 이야기하자. 마음 단단히 먹길!

이 특별한 건설을 실행할 토지가 고르지 않다는 점 때문에 신체와 두뇌와 정체성을 구축하는 작업은 어려울 수밖에 없다. 썰물 때 바닷가에 집을 짓는다고 생각해보자. 모래밭과 조수가 변하면서 당연히 기초 토대가 흔들릴 것이다. 아이들이 짓는 집이 새로운 신체와 두뇌, 정체성이라면 그 밑의 불안정한 '바닷가'는 중학교라는 사회적 배경이다.

중학생이 되면 아이들은 충동적인 생각과 정체성 혼란을 겪는 와중에 중학교라는 사회 질서 안에서 어떻게 적응해야 할지 고민하게 된다. 자녀가 성공적으로 중학교를 마치고 어른으로 무사히 성장할 수 있는지는 울퉁불퉁한 지형인 중학교란 사회를 심리적, 감정적으로 심각한 타격을 받지 않고 성공적으로 헤쳐 나가는 능력에 달렸다. 기본 토대를 탄탄하게 쌓는다면 도전을 겪는 과정에서 아이들은 스스로 사회에 적응하는 능력을 키울 것이며 건설 계획이 한층 매끄럽게 진행될 것이다.

딸이 신체적으로 너무 조숙하거나 너무 뒤처진다는 이유로 놀림을 받은 후 방문을 걸어 잠글 때(신체에 관한 회의), 아들이 그 시기 남자애들이 하는 어떤 일을 하고 싶지 않지만 무섭지 않은 것처럼 허세를 부리는 것 외에 속마음을 표현하는 방법을 모를 때(두뇌에 대한 회의), 평소 공손한 딸이 학교폭력 문제로 교장실에 불려갔을 때(정체성에 관한 회의) 등이 바로 아이들이 도전을 겪는 순간이다.

희망적인 건 부모가 자녀가 '사회적 도전'에 자신감 있게 대응하는 방식을 배우도록 도와줄 수 있다는 것이다. 중학생 자녀교육은 초등학생 자녀교육과 전적으로 매우 다르고 복잡하다. 핵심은 아이 대신 상황을 해결해주는 것에서 스스로 해결하는 방법을 가르쳐주는 것으로 교육의 패러다임을 바꾸는 것이다. 아이의 자립성을 키워주기 적당한 시기가 바로 중학교 시절이며 아이들은 이 시기에 성장하기 위해 필요한 비판적인 사고, 문제해결 능력, 자립의 기술을 배울 수 있다. 양육에 있어 중학교 시기가 중요한 이유다.

부모들은 중학교라는 '사회'를 진지하게 받아들여야 한다. 아이들 사이의 유행을 무시하고 통학 버스나 학교 복도, 급식실, 친구 집에서 벌어지는 일들을 모르는 척하고 산다면 마음은 편할 수 있다. 아이들 간의 이성교제며 일탈, 키스, 음주 같은 실태를 외면하고 아이의 성적과 귀가시간만 신경 쓰며 살면 부담은 덜할 것이다. 그러나 외면한다고 있던 위험이 사라지진 않는다.

자녀 입장에서나 부모 입장에서나, 중학교라는 시기를 행복하게 보내는 방법은 많다. 이 책을 다 읽고 나면 다음과 같은 것들을 알게 될 것이다.

- 신체, 두뇌, 정체성 발달이라는 세 가지 핵심 임무가 중학생 자녀에게 어떤 영향을 끼치고 양육법은 왜 그러한 변화를 수용하는 쪽으로 바뀌어야 하는가.
- 중학교에서 실제로 어떤 일이 벌어지고 있으며 부모 세대가 자랄 때와는 무엇이 다른가.
- 아이가 독립적이고 창조적으로 자신의 문제를 해결할 수 있게 어떻게 가르칠 것인가.
- 아이가 자신의 학교생활을 부모에게 솔직히 털어놓을 수 있게 하는 가장 좋은 방법은 무엇인가.
- 아이가 중학교에서 일반적으로 직면하는 사회적 딜레마를 안고 부모를 찾아왔을 때 정확히 어떤 말을 해줄 것인가.
- 부모가 아닌 개인으로서 자신을 돌보는 법.

준비가 되었는가? 가방을 들어라. 이제 엄마, 아빠 들이 중학교로 다시 돌아갈 때다.

차 례

사춘기 중학생 자녀를 키울 때 알아야 할 것들

 2부

사례로 보는
사춘기 자녀교육법

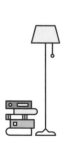

엄마, 아빠도
새로운 계획이 필요하다

1부

사춘기 중학생 자녀를 키울 때
알아야 할 것들

이어지는 5개의 장에선 간단한 이론들을 설명할 예정이다. 이 이론들은 책 후반부에 나올 중학생을 키우는데 필요한 여러 가지 조언을 쉽게 이해하고 적용하는데 필요하다. 후반부에선 중학생 자녀를 키우며 일어날 수 있는 일들을 매우 실질적이고 구체적인 시나리오로 제시하고 각 경우마다 무엇을 어떻게 해야 하는지 알아볼 것이다. 곧장 후반부로 넘어가 해결책부터 찾아보고 싶은 마음이 굴뚝같겠지만, 1부를 먼저 읽기를 강력히 권유한다. 그렇지 않으면 후반부 내용이 이해되지 않을 수도 있다. 다 읽은 책은 자동차 글러브박스나 침대 옆 서랍장에 두었다가 어떤 상황이 발생해도 쉽게 펼쳐들고 필요한 도움말을 찾을 수 있길 바란다.

또 한 가지 중요한 이 책의 활용법은 부모 자신이 어렸을 때 어땠는지 떠올려보고 공감해보라는 것이다. 원고를 쓰면서 나의 그리고 아마도 여러분의 형성기에 많은 영향을 미쳤던 1970~1980년대 대중문화를 많이 참고했다. 재미있어서 참고하기도 했지만 아이들의 사회성 발달에 대중문화가 미치는 주요한 영향력을 간과하지 말고 상기해보자는 의도도 있다. 사실 나의 성장에 대중문화가 미친 영향력을 살펴보는 것만큼 옛 향수를 떠올릴 좋은 방법이 어디에 있겠는가? 무슨 말인지 알겠는가? 아니라고? 아니면 말고.

어쨌든 제대로 된 출발을 하려면 마땅히 그래야 하듯, 기초 공사부터 탄탄히 시작해보자.

중학생에 대한
편견을 버려라

아이들이 초등학교를 졸업할 무렵이면 부모들은 걱정을 한다.

걔 때문에 정말 불안해 죽겠어! 무슨 일이 생길지 어떻게 알아? 난 중학교가 정말 싫어. 가엾어라. 우리 애들이 앞으로 몇 년 동안 이상한 일들을 겪어야 하다니. 사춘기 때문에 걱정이야. 나쁜 친구 사귈까봐 걱정이야. 모든 게 다 걱정이야….

걱정이 빼곡하다. 중학생은 인식이 나쁘다. 중학교라는 단어도 귀여운 초등학교와 중대한 고등학교 사이에 긴 어정쩡한 무인지대라는 뜻을 은근히 내비치고 있다. 역사적으로도 중학교는 어정쩡했다. 아마 중학교가 아니라 '주니어 하이스쿨'에 다녔던 기억이 있는 독자도 있을 것이다. 1960년대 중반 '작은 고등학교'에 다니는 아이들, 11세에서 14세 사이 아이들의 고유한 발달상 요구와 학문상의 요구를 효과적으로 다룰 만한 새로운 공간을 만들기 위한 노력의 일환으로 중학교가 주니어 하이스쿨을 서서히 대체하기 시작했다.[x] 오늘날 중학교가 그 나이대 아이들의 발달상황을 제대로 고려하고 있는지는 여전히 의문이다. 오히려 많은 부모가 중학교를 호르몬에 휘둘리는 반항적인 태도와 거친 소란이 가득한 곳, 고등학교로 가기 전 어쩔 수 없이 다녀야 하는 곳, 또래 사이의 압력과 반항이 지배하는 곳으로 생각한다.

엄마, 아빠가 이렇게 생각하는 것도 무리가 아니다. 딸들이 점점 남학생에게 관심을 가지고, 아들들이 여학생들을 웃겨보겠다고 교실에서 '오버'한다. 안 그래도 지저분한 방안에 화장품과 여성용품과 스마트폰과 값비싼 옷들이 널려 있는 모습을 보면 한숨이 나온다. 아이들은 뭐든 자기 마음대로 결정하려고 하며 일을 엉망으로 만든다. 중학생 자녀를 둔 부모라면 다들 그렇게 이야기할 것이다. 엄마들은 이 모든 일이 얼마나 끔찍한지 불평을 늘어놓으며 서로 유대감을 형성하고 곧 이성교제와 운전[xx]과 음주가 이어질 게 뻔하니 얼마나 끔찍하냐며 농담한다. 이렇게 동병상련을 느끼는 척 굴지만 속으로는 다들 현명한 자녀교육법을 간절히 원한다.

---

x   미국의 중등교육 기간은 대개 6년으로 한국과 동일한데, 미국의 경우 중학교라는 명칭 대신 '주니어 하이스쿨'이란 명칭을 사용한 바 있다.
xx   미국은 만 15~16세면 운전면허를 취득할 수 있다.

이제 중학교에 대한 새로운 시각이 필요한 시점이다.

물론 부모들도 자신들이 학교에 다닐 때와는 시대가 변했고 우리 아이들이 생각보다 힘겹게 학교생활을 한다는 건 알고 있다. 그러나 많은 아이와 부모가 중학교가 끔찍하기 짝이 없다고 말하는 것은 상당 부분 자기실현적인 예언(self-fulfilling prophecy, 생각한대로 이루어지는 현상)이다. 스스로 힘들 거라고 지레 걱정해서 힘들어지기도 한다는 말이다. 예를 들어 '미운 세 살'이라는 말이 없는 문화권도 있다. 어떤 사회에서는 유아들도 다른 가족구성원과 똑같이 가족이라는 체제 안으로 통합되기를 기대한다. 그 말은 탐험을 좋아하는 세 살배기도 자기의 일상을 어른의 일정과 기준에 맞춰야 한다는 뜻이다. 당연히 울음을 터뜨리고 마구 주먹질을 할 수밖에!

반대로 어떤 문화권에서는 가족구성원 중 나이가 많은 이들이 유아의 고유한 요구와 욕구를 보살피기 위해 어른의 요구를 보류한다. 그 결과 세 살 유아도 고분고분하게 말을 잘 듣는 행복한 아이가 되고 더불어 부모도 행복해진다.

중학생에 관한 책에서 왜 세 살짜리 이야기를 하고 있느냐고? 세 살과 열세 살은 생각보다 공통점이 많다. 유아처럼 중학생도 신체, 정체성, 감정, 욕구, 지적 사고의 변화를 느끼며 이것들을 어떻게 사용해야할지 배우고 있다. 그런 상황에서 중학생에게 왜 이렇게 요란하냐고 타박하거나, 엉망이 될까봐 걱정된다고 토로하거나, 가족의 질서에 순응하고 자신을 통제하라고 요구한다면 어떻게 될까. 역효과만 낳을 뿐이다. 당연히 울음을 터뜨리고 마구 주먹질을 할 수

밖에 없다!

부모부터 먼저 중학교에 대한 사고방식을 바꿔야 한다. 우선 '중2병' 자녀를 키우는 것이 끔찍한 일이 아니라 기대되는 일이라 생각해보면 어떨까? 아이가 중학교를 다니며 일어날 마법 같은 일이 많으며 아이를 키우는 역사에서 최고의 시기가 될 수도 있다고 말이다. 새로운 관점으로 바라볼 수만 있다면 말이다.

그러기 위해선 첫 번째로 중2병을 앓는 사춘기 자녀에 대한 부담감부터 털어내야 한다. 부모들은 안 그래도 무거운 책가방을 메고 가는 아이들의 어깨에 더 무거운 짐을 얹어준다. 엄청난 무게의 책과 공책, 필기구들에 덧붙여 학교폭력과 인기, 사회적 압력과 왕따, 갑작스러운 성장 등 부모들이 경험하고 전해들었던 중학교의 어려움과 걱정거리도 자녀에게 쥐어준다.

만 9세~12세 자녀를 둔 학부모 100명을 대상으로 자신의 중학교 시절은 어땠는지 설문조사를 해보았다. 25퍼센트가 중학교 시절이 불행했다고 답했다. 30퍼센트가 중학교가 즐거웠다고 답했고, 45퍼센트가 좋기도 했고 나쁘기도 했다고 답했다.

불행했다고 답한 25퍼센트의 학부모 가운데 절반은 자녀의 중학교 진학에 대해서도 어떤 기대감도 생기지 않는다고 대답했다. 이렇게 말하는 부모도 있었다.

"전혀 없어요. 부모들은 대부분 이 시기를 '버텨내야' 하는 때라고 말하죠. 중2병 자녀에 대한 긍정적인 이야기는 들어본 적이 거의 없어요."

"중학교가 기대되느냐고요? 전혀! 전혀요. 다음 3년 동안 기대되는 게 전혀 없어요."

"없어요. 아이 때문에 겁이 나요."

"정말로 솔직히 말하자면, 별로요! 제 경험을 떠올려봐도 별 볼일 없는 세월이죠!"

"전혀 없어요. 그냥 건너뛰었으면 좋겠어요."

"사실 저는 아이가 중학생이 되는 게 무서워요."

이해한다. 7학년 강당으로 걸어 들어간 지 30년이 흘렀지만 나는 여전히 내 인생의 짧지만 중요했던 2년을 수놓았던 사람들과의 일들을 생생하게 기억한다.[×] 나처럼 여러분도 중학교에서 겪었던 일들을 떠올릴 수 있을 것이다. 당혹스러웠던 순간들, 우정의 배신, 첫 키스 등의 기억이 완전한 고해상도로 선명하게 떠오를 것이다. 그 시기 우리는 인생 최초로 부모에게서 완전히 벗어나 일탈을 했고 '나는 누구인가'라는 의문을 이해하려고 흥분과 의심과 죄책감과 자랑스러움이 뒤섞인 감정들에 집중했다.

이 책을 읽는 동안 다음 두 가지를 해볼 것을 권한다.

자신의 중학교 시절을 뒤돌아보고 아이가 안 좋은 경험을 할 거란 걱정을 버려라. 그러려면 자신의 중학교 시절을 영화 보듯 약간 초연하게 떨어져서 봐야 한다. 만약 자신을 피해자 역에 캐스팅했다면 당장 취소해라. 어린 시절 자아를 향해, 스스로 저지른 실수들을

× 　미국은 주에 따라서 6학년 혹은 7학년 과정부터 중학교에 다닌다.

향해 아량을 베풀어라. 어렵겠지만 당신을 푸대접했던 아이들을 다시 생각하지 마라. 그건 우리가 아니라 그들이 떠올리고 반성할 나쁜 행동이었다.

두 번째로 중학교에 관한 일반적인 편견을 버려야 한다. 중학교가 힘든 시절이 아니라 자녀나 부모에게나 어른으로 성장하는 기회이며, 기대되는 시기라고 생각하며 되뇐다면 머지않아 가장 멋진 '자기실현적 예언'이 될 것이다.

나의 이야기

자녀의 중학교 시기에 대한 부담감을 쫓아내는 데 도움이 될 수 있도록 나의 중학교 시절 이야기를 잠깐 공유하고자 한다.

5학년 때 매사추세츠주 메드퍼드시의 브룩스 초등학교에 다녔다. 내가 다녔던 네 곳의 초등학교 중 세 번째 학교였다. 브룩스 초등학교를 어떻게 설명해야 할까? 혹시 문제아들이 등장하는 영화 〈위험한 아이들〉의 미셸 파이퍼를 본 적이 있는가? 그 정도로 나쁘지는 않았다. 영화 속 아이들은 하드코어 범죄자였다! 그보다 약 10분의 1 정도만 나빴다고 해두자. 혹시 영화 〈미트볼〉을 본 적이 있는가? 그보다는 두 배 정도 나빴다. 브룩스 초등학교에는 눈치 없는 까불이들과 곧 비행청소년이 될 아이들이 압도적으로 많았지만 교직원들은 전혀 개의치 않았고 통제하지도 못했다.

당연히 면학 분위기는 전혀 엄격하지 않았다. 5학년 때 선생님이 성적 체계를 설명하던 때가 생각난다. "제때 내면 A야. 하루 늦으면 B. 다음은 C.” 이런 식이었다. 우리 부모님은 점점 놀랄 일이 많아졌다. 어느 주말, 이럴 순 없다고 생각한 부모님이 사립학교에 입학 시험을 보러 가자고 말했다. 입학만 하면 학비는 어떻게든 마련해보겠다고 했다.

실천은 말처럼 쉽지 않다. 1983년 당시 브룩스 초등학교의 한 해 학비는 1만 3,000달러(약 1,600만 원)에 달했다. 지금으로 치면 3만 달러(약 3,800만 원)와 비슷하다. 요즘에는 기숙사 비용을 제외하고도 일 년에 3만 9,000달러에 달한다고 들었다. 요점은 엄청나게 비싸다는 것이다. 나는 합격했다. 부모님은 행복하면서도 혼란스러웠을 것이다. 우리 집은 부자가 아니었다. 감사하게도 부모님은 내게 가능한 최고의 교육 기회를 주려고 노력했다. 학비는 대출을 받아 낼 수 있었다.

새 학교 버킹엄 브라운&니콜스, 줄여서 BB&N은 이름이 풍기는 이미지와 정확히 똑같았다. 아름답고 부유하고 고급스러운 뉴잉글랜드의 예비학교였는데, 학생들 대다수가 부유한 보스턴시 엘리트 층의 자녀들이었고 다양성을 위해 받아준 나 같은 아이들이 소수 섞여 있었다. 개학이 다가오자 사립학교 학생이 된다는 사실이 점점 불안해졌다. 제대로 적응할 수 있을까? 친구를 사귈 수는 있을까? 옷차림이 놀림 받진 않을까?

당연히 불가능했다! 내 옷은 모두 ‘공립학교용’이었다. 부모님에게 멋진 학교에 어울리는 멋진 옷을 사달라고 조르고 졸랐지만, 돈은 모두 학비에 써서 남아 있지 않았다. 나는 원래 입던 대로 입고 학교에 가야 했다.

'절대 안 돼!' 이 패션으로는 절대로 학교에 가고 싶지 않았다. 드러몬드가 윌리스와 아놀드를 딕비 예비학교에 보낼 때도 '원래 입던 모습대로' 다니게 했을까? 아니다![×] 이들은 니트 조끼와 울 바지를 입고 직접 치는 북소리에 맞춰 당당히 입장했다. 조 폴니아첵도 개럿 부인과 함께 '원래 모습으로' 이스트랜드 학교에 갔을까? 아니다!^{××} 조는 넥타이를 조금 비뚤어지게 맸을지는 몰라도 교복 차림이었고 학교의 다른 여학생들과 상당히 비슷한 모습을 하고 있었다. TV가 내게 경제적 격차를 견뎌야 하는 가난한 아이들에 대해 가르쳐준 게 있다면 수월한 학교생활을 위해 상당히 건방진 태도와 적당한 '교복'이 적응에 필수라는 점이다. 생각해보면 가난한 집 아이가 부자들 곁에서 어떻게 행동하는가를 내게 처음으로 가르쳐준 것은 1980년대 텔레비전 시트콤이었다. 이게 바로 나의 문제였다.

새 학교는 시트콤처럼 교복을 입어야 하는 곳은 아니었기 때문에 입고갈 옷에 대해선 나름 창조성을 발휘해야 했다. 나는 자신을 존중하는 10대 초반 아이가 할 만한 행동을 했다. 〈핑크빛 연인〉의 몰리 링월드처럼 바느질에 능숙한 사람이 아니라면 그럴 수밖에 없었다. 할머니에게 전화한 것이다. 할머니는 새 학교에 입고 갈 옷을

× 1970~1980년대 미국 시트콤 〈디퍼런트 스트록스〉 줄거리로 뉴욕의 백인 갑부 드러몬드가 할렘의 흑인 소년들을 입양해 키우는 이야기.
×× 시트콤 〈더 팩츠 오브 라이프〉 속 인물들로 부유한 사립기숙학교 여학생들과 사감 개럿 부인 사이에 벌어지는 이야기.

사주었다. 이제 옷을 잘 골랐는지 확인하는 시간만 남았었다.

1983년이었다. 그해 〈실버 스푼〉이라는 시트콤이 시작되었고, 리키 슈로더가 방마다 기차를 타고 다니는 대저택 도련님으로 나왔다. 리키는 전형적인 부잣집 아이였고 나는 새 학교에서 좋은 인상을 풍기려면 리키처럼 입어야 한다고 생각했다.

대망의 첫 번째 등교

보라색 정장 바지에 소매가 부푼 블라우스, 보라색 레이온 나비 넥타이까지 매고 뒷마당에서 대충 자른 헤어 스타일을 자랑하며 새 교실로 걸어 들어갔다. 그때 누군가 웃었다. 누군가 나를 똑바로 쳐다보더니 웃었다. 모든 아이들이 웃은 것처럼 느껴졌지만 실제로는 아마 한두 명 정도였을 것이다. 하지만 그것만으로도 나는 교실 뒤로 살그머니 들어가 종일 한마디도 할 수 없었다.

펜실베이니아주립대학 발달심리학과 교수 채리스 닉슨 박사는 청소년 사이의 학습된 무기력이라는 개념에 대해 놀라운 작업을 수행했다. 오필리어 프로젝트의 일환으로 게시된 '학습된 무기력learned helplessness'×에 관한 유튜브 동영상에는 닉슨 박사의 대학 강의실에서 포착된 깜짝 놀랄 상황들이 담겨 있다. 박사는 단지 단어의 철자를 뒤섞어 다른 단어를 만드는 게임인 '워드점블'만으로 2분 만에 학급의 절반을 학습된 무기력 상태로 만들었다. 닉슨 박사는 이와 같은

×   피할 수 없는 상황을 반복적으로 겪으면 피할 수 있는 상황이 와도 포기하게 되는 현상.

일이 사회에서도 일어난다고 설명한다. 아이들은 한두 번만 사회적 실패를 겪어도 자신감이 무너진다. 곧바로 노력을 멈추며 사회적으로 무기력해진다.

6학년 첫날 새 학교에 들어간 지 2분 만에 나는 이미 사회적으로 무기력해졌다. 함께 어울릴 재기발랄한 친구들을 찾겠다는 꿈은 무너져버렸고 패배자가 되었다.

어른스러운 옷차림을 하고 친구들을 이끌고 여러 교실을 돌아다니며, 선망의 대상이었던 6학년 회장 선거에 나가 당선되고, 급우들과 학생회에 참석해 산더미 같이 쌓인 과자와 초콜릿을 먹으며 '고급진' 것에 대해 이야기를 나누길 바랐지만, 현실은 달랐다.

그렇게 '내성적인 여학생'이라는 나의 오랜 커리어가 시작되었다. 그날 수줍은 여자아이 역할을 꿰찬 뒤로 몇 년간 나는 그 역할을 썩 잘해냈다.

나중에 친구 한 명을 사귀긴 했다. 그 친구는 내게 하나의 세계였다. 그 친구를 한나라고 부르겠다. 우리는 가장 친한 친구 사이였고 그해 거의 모든 일을 함께했다. 수요일이면 오후 1시에 수업이 끝났는데, 마침 1시에 드라마 〈우리 생애 나날들〉이 시작되었다. 우리는 학교에서부터 달리기 시작해 하버드 광장을 지나 한나의 집 지하실 계단을 내려가 중년 여성들의 환상 속으로 빠져들었다. 한나의 동네에는 하버드대 교수들과 지역의 유명인사들이 사는 아름다운 집이 많았는데, 한나 집만 해도 바로 뒤에 유명 셰프인 줄리아 차일드가 살았다. 한나네 거실에는 TV가 없었다. 한나의 지하실이 비밀

은신처였다는 뜻이고 그곳에서 리츠 크래커를 실컷 먹을 수 있었다. 나는 그곳이 정말로, 정말로 좋았다.

암울했던 중학교 시절

BB&N은 초등, 중등, 상급학교별로 캠퍼스가 나뉘어 있었다. 7학년이 되면 중학교 캠퍼스로 옮겨갔고 신입생도 들어왔다. 그중 한 명을 레이첼이라고 부르겠다. 우리는 곧바로 친해졌다. 하나와 레이첼과 나는 콩깍지 하나에 든 세 알의 완두콩처럼 지냈다. 그리고 여학생 셋이 모이면 어떤 일이 벌어지는지 엄마들은 잘 알 것이다.

다 같이 놀자고 둘 중 한 명에게 전화했는데, 둘이서 이미 나를 빼놓고 놀고 있다는 사실을 알게 되면 기분이 아주 묘했다. 이런 일이 몇 번 있었지만 나는 눈치가 느렸다. 레이첼과 나는 카풀을 했는데, 그 친구는 차 안에서 내게 말을 걸지 않았다. 혹독할 만큼 냉대를 당해서 몹시 외로웠다. 나를 따돌리는 표정과 모욕적인 말과 그들 사이의 사적인 농담을 알아채기 시작했다. 나는 복도를 걸을 때면 누구라도 나를 알아보고 놀릴까봐 바닥만 보고 걷게 됐다.

그해 패션은 게스Guess 청바지가 휘어잡았다. 나도 어울리고 싶었지만 인기 있는 여자애들이 입는 비싼 옷을 살 여유가 없었으므로 제트 청바지를 샀다. 요즘 킴 카다시안 같은 유명인이 입는 'JET JEAN'과 혼동하지 말길. 내가 산 제트진은 한물간 상표였다. 그래도 내 눈에는 멋졌다. 제트라는 말도 어딘가 게스라는 말과 비슷하게 들리지 않는가? 아니면 말고.

환상적인 게스의 세계에서 나는 홀로 서 있는 소심한 제트 소녀였다. 이걸 8학년들이 알아챘다. 우리 학교에 마돈나처럼 옷을 입는 8학년 여학생이 있었다. 1985년 '라이크 어 버진Like a virgin'을 부를 때의 마돈나 말이다. 어마어마했다. 운동하러 오가는 길에 버스가 멈춰 설 때마다 신호등 앞에 남자가 서 있으면 창문을 내리고 유혹적으로 막대 사탕을 빨았다. 그녀가 왜 그러는지 그때 나는 몰랐다.

당연히 그녀와 그녀의 친구들이 나의 제트 진을 알아챘다. 또 내가 늘 혼자이고 눈을 마주치는 것도 두려워한다는 사실도 알아챘다. 내 옷을 향한 공개적이고도 가차 없는 놀림이 여러 달 이어졌다. 나는 학교가 싫었다. 걸핏하면 배가 아팠고 집에 있고 싶었다. 어느 날 버스 운전석 뒤에 앉아 있는데 마돈나와 친구들이 내 뒤통수에 음식물을 던졌다. 그냥 가만히 앉아 뒤돌아보지 않으면 그들도 멈출 거라 생각해 참았다.

슬픈 모순이라면 부모님이 수천 달러라는 거금을 쏟아 붓고 있는데도 사실 내게는 특별한 교육이 전혀 필요하지 않았다는 것, 그리고 나는 내가 점점 투명인간이 되어가는 상황에만 집중하고 있었다는 것이다. 나는 수업에 적극적으로 나서지 않았다. 한 번도 발표하려고 손을 든 적이 없었다. 사람들이 나를 쳐다보는 게 너무 무서웠고 사람들 사이에서 사라지고 싶었다.

이렇게 두터운 진흙탕을 외롭게 천천히 걸어가는 것처럼 중학 시절을 보냈다. 그리고 고등학교 시절이 시작되었다.

마침내 즐거워진 학교생활

BB&N의 상급학교 캠퍼스에서 보낸 9학년에서 12학년까지의 4년이란 시간에 내게는 두 가지 중요한 변화가 있었다.

9학년 때 뮤지컬에 지원했다. 중학교에서는 남의 눈에 띄는 것을 두려워했던 소녀가 어떻게 일 년 후 무대에 설 결심을 했을까? 당시에는 분명하게 알지 못했지만, 지금 생각해보면 무대가 다른 사람으로 변신할 수 있는 매력적인 기회라 여겼던 것 같다. 나는 뮤지컬에 캐스팅된 네 명의 신입생 중 하나였고 그때부터 내 인생은 변했다. 사람들이 내게 주목하는 게 좋아졌다. 복도에서도 아이들과 눈을 마주치기 시작했고 '나를 알아보나? 내 노래를 들었나?' 생각하며 희망을 품었다.

신체적으로도 달라졌다. 치열교정기와 헤드기어를 끼고 4년을 비참하게 보낸 끝에 삐뚤렁니가 마침내 고르게 변했다. 철책선 너머로 옥수수를 먹을 수도 있겠다는 아버지의 끈질긴 농담도 끝장났다. 역사적인 순간이었다! 또 안경을 콘택트 렌즈로 바꾸고 머리 모양을 손질하는 데 공을 들이기 시작했다. 다음과 같은 물건들이 내게 몹시 중요한 필수 미용용품이 되었다.

- 바디 오일, 파란색 아이라이너, 반투명 분홍색 립스틱, 볼터치용 쉐딩, 헤어 스프레이

약간의 자신감과 드럭스토어, 그리고 10달러만 있으면 아이들

의 주목을 받을 수 있다는 사실이 얼마나 웃기는가. 나는 결코 인기 있는 아이가 아니었고 급우들이 나를 예쁘다고 생각했던 것 같지도 않다. 귀엽게 생각했을 정도랄까? 그러나 과거의 나, 6학년 졸업사진 속 소녀에게 '귀엽다'는 말도 얼마나 넘기 어려운 벽이었는지를 떠올려 보자. 굳이 내 입으로 말하자면, 나는 마침내 스스로가 충분히 매력적이라고 생각하게 됐다. 그러면서 또래들 사이에서 더 많이 인정받기를 갈망했다. 문 안으로 발을 들이밀자마자 그 이상을 원했다. 중학교에서 적응하지 못했던 경험이 고등학교 시절까지 지대한 영향을 미쳤던 것이다.

○◉● 중학교는 고등학생, 나아가 성인이 되어서까지 영향을 끼치는 자존감의 기초 토대를 마련하는 시기다.

나는 가치관이 세상을 보는 방식이라고 믿었다. 그러나 겉모습이 바뀌고 마침내 또래들 사이에 속했을 때에도 여전히 내면의 두려움이 모든 행보를 통제하고 있었다. 나는 칭찬을 받으려고 너무도 많은 위험을 무릅썼다. 밖으로 보이는 내 모습을 지나치게 중시했다. 도움이 필요한 친구를 돕기 위해 나설 만큼 강인하지도 않았다. 내 마음 한편엔 회의감이 가득했다.

실제로 중학교에서의 경험이 고등학교와 그 이후까지 영향을 끼쳤다. 사람들이 진짜 내 모습을 볼 수 없게 벽을 치는 데 너무도 많은 에너지를 썼다. 나는 상처받는 것이 너무 두려웠다. 그래서 어른이 돼서도 스스로를 너무 드러내지 않도록 조심했다. 심지어 내가 좋아하는 모습까지도 감추느라 급급했다. 진짜 나의 모습을 보여줬다가 거절당할까 두려웠다. 그건 정말 힘든 일이었다.

중학교 생활은 왜 그렇게 힘들까?

내 이야기에 공감하는 엄마, 아빠 들도 있을 것이다. 그 사람은 인기 없는 사람이 된다는 게 어떤 기분인지 알 것이다.

혹시 당신은 중학생 때 자신에게 자괴감을 안겨준 여학생의 이름을 기억하는가? 체육 시간 팀을 짤 때 자기 이름이 맨 나중에 불렸을 때 기분이 어땠는지 기억하는가? 나란 사람도 나름 괜찮다고 느끼게 해준 중학교 때 친구 이름이 떠오르는가? 얼마나 오래된 일일까. 20년? 30년? 35년? 오랜 시간이 흘렀는데도 중학교 때의 경험이 아직도 떠오른다는 게 신기하지 않은가?

어른들에게 '시간을 거슬러 일주일간 중학생 때로 돌아갈 수 있다면 가겠는가?'라고 물어보면 거의 모두 비슷하게 대답한다. "미쳤어요?" "10억 원을 준대도 안 갑니다." 이런 반응을 여러 번 들었다. 이상하지 않은가? 왜 중학교 시절은 오래도록 생생하게 기억되는 걸까? 대체 무엇이 그토록 기억에 '들러붙게' 하는 걸까?

짧게 대답하자면 앞서 말했듯 중학생 나이대가 '정체성 발달'이라는 중요한 작업을 하는 시기이기 때문이다. 중학생 쯤 되면 아이들은 인생 최초로 심오한 질문을 하기 시작한다. '나는 누구인가? 삶은 무엇인가?' 이때 또래가 하는 모든 무례한 말과 비꼬는 눈빛,

한숨, 웃음, 미소, 하이파이브가 질문에 대한 답을 형성하는데 일조한다.

아무튼 걱정하지 말라. 아이가 중학교를 다니며 겪을 사회적 어려움과 탈선과 심리적 부담에 대한 부모의 걱정을 내가 모르진 않다. 그렇지만 나를 믿고 중학생에 대한 부정적인 생각과 편견을 떨쳐내 아이가 인생에 있어 새로운 단계에 들어섰음에 희망을 가지고, 아이의 독립적인 경험을 지원할 준비를 하자.

사춘기 자녀,
중2병에 걸리는 게 정상이다

    대부분의 아이들처럼 나의 중학생 자녀도 소셜미디어 계정이 있다. 부모들이 SNS에 대해 걱정하는 것을 알지만 나는 10대 아이들의 소셜미디어 사용을 지지한다. SNS는 창조성을 키우고 공동체와의 의사소통을 돕는 훌륭한 장소라고 생각한다. 그러나 밝은 면이 있으면 그림자가 있듯이 SNS 역시 미성숙한 10대들의 단점이 드러나는 공간이기도 하다. 더 자세히 이야기해보자.

    얼마 전 인스타그램을 훑어보다가 오랜만에 몹시 불쾌한 사진을 보았다. 7학년 남학생 둘이 학교 밖의 커다란 바위에 기대서서 카메라를 보고 있다. 7학년 여학생 두 명도 남학생에게 기댄 채 카메라를 향해 서 있다. 그런데 한 여학생은 몹시 당혹스러운 표정으로 얼굴을 가리고 있고, 또 다른 여학생은 땅을 보고 있다. 두 남학생은 입이 귀에 걸릴 만큼 환하게 웃고 있지만, 여학생은 둘 다 웃지 않고 있다. 남학생들은 뒤에서 두 팔로 여학생들의 몸을 감싸 안고 두 손은 여학생들의 가슴을 움켜쥐고 있다. 사진 설명은 이렇다. '점점 더 야해지네.' 사진 속 아이들은 모르는 아이들이었지만 사진이 올라온 인스타그램 계정의 주인인 남학생은 우리 동네에 사는 예의 바른 아이였다. 비록 이성에 과도하게 관심이 많았지만 말이다.

사진 설명도 남학생들의 자세도 추했지만 정말 기분이 상했던 이유는 여학생들의 표정 때문이다. 이들은 수치스러운 것 같았다. 나는 이 여학생들의 부모가 제발 이 사진을 보게 되기를 바라며 동시에 절대로 보지 않기를 바랐다.

초등학교 말에서 중학교에 들어가는 시점에 이르러, 무슨 일이 벌어지기에 아이들이 갑자기 이성적인 사고를 버리고 뭐랄까… 어리석음으로 점철된 행동을 하게 되는 걸까? 나는 사진 속 남학생들이 악의가 있다고는 생각하지 않는다. 순간적인 어리석음 때문에 ① 여학생들을 추행했고, ② 사진을 찍었고, ③ 사진을 공개적인 공간에 올렸다고 생각한다. 청소년들은 이런 일들을 충분히 고민하지 않고 저지른다. 혹여 생각했더라도 이렇게 반응하기 마련이다. "뭐, 어때? 누가 봐도 어쩌라고?" 여기서 잠시 한 가지를 집고 넘어가자. 나는 지금 이 책에서 누군가의 인스타그램 게시물에 관한 글을 쓰고 있다. 이 책은 몇 명이나 읽게 될까? 별생각 없이 올린 게시물이 어디로 향하게 될지 누구도 예측할 수 없다는 말이다!

여러분도 중학생 때 멍청한 행동을 했던 적이 있는가? 혹은 그렇게 행동했던 아이들을 기억하는가? 나는 부모의 자동차를 '빌렸다면서' 동네를 돌아다니고, 별로 좋아하지 않는 사람과 옷장 속에서 단둘이 '7분' 넘게 있고[*], 시험시간에 부정행위를 하고, 밤중에 아무것도 모르고 자는 친구에게 집요하게 장난전화를 걸었던 아이들을 알고 있다. 고백하건데, 나도 장난전화를 걸었다곤 말 못하겠다.

아무튼 부모들은 자녀가 탈선하면 외부에서 원인을 찾으려 한다. 그러나 중학생 자녀에게 일어난 일을 순전히 잘못된 자녀교육 탓으로, 방과 후 활동의 부족함 탓으로, 지나치게 많은 학원 일정 탓으로, 나쁜 유전자 탓으로, 질이 나쁜 친구 탓으로, 스마트폰 중독 탓으로, SNS의 어두운 면 탓으로 돌릴 수는 없다. 청소년기의 탈선은 사회적 계층과 가족 유형과 문화, 개인적인 환경과 상관없이 일어난다. 예나 지금이나 세대와 지역을 막론하고 어느 시대든 10대들은 항상 위험을 무릅쓰는 것을 보면 이런 현상이 생물학적으로 10대 사이에 얼마나 뿌리깊이 박혀 있는지 알 수 있다.

소설가 더글러스 커플랜드의 말처럼 '비난은 게으른 사람이 혼란을 일으키는 방식일 뿐'이다. 그러므로 아이가 중학교에 들어가 이상한 짓을 저지르기 시작한다면 외부에서 비난 대상을 찾을 게 아니라 그 모든 행동의 진정한 견인력인 아이들의 '두뇌' 안에서 어떤

---

[*]   청소년 파티 게임 중 하나로 두 사람을 뽑아 옷장 속에 가두고 7분을 보내게 하는 놀이.

일이 벌어지는지부터 이해해야 한다. 아마 청소년 자녀를 둔 부모라면 아래의 글에 공감할 것이다.

- 형편없는 변호사처럼 일단 결론부터 지은 다음 자신의 주장을 지지해주는 말도 안 되는 증거를 수집한다.
- 또래가 무엇을 하고 어떻게 입고 무슨 말을 하고 듣고 보는지 상당히 신경 쓴다.
- 부모, 어른들은 아는 게 없다고 단정한다.
- 작은 일에도 쉽게 운다.
- 종종 자신에게 화냈다고 부모를 비난한다.
- 기대 이하의 어리석은 행동을 한다.
- 가족끼리 시간을 보내는 걸 싫어한다.
- 숙제, 옷을 벗어둔 곳, 부모의 말 등을 깜박 잊는 일이 잦다.

축하한다. 당신의 자녀도 '중2병'에 걸렸다. 이렇게 목록으로 정리하니 왠지 이런 행동들이 오싹하게 보이고 당장 자기 아이를 되돌릴 계획이 필요한 것처럼 느껴질 것이다. 그러나 중학생의 두뇌에서 어떤 일이 벌어지고 있는지 이해하면 이 행동 뒤에 숨은 목적이 보일 것이고 아이의 사회적 발달 과정에서 유독 힘든 이 시기를 고맙게 여길 수도 있다.

우선 아이의 머릿속에서 어떤 일이 벌어지고 있는지 부모로서 특훈을 받을 필요가 있다.

두뇌발달은 내가 좋아하는 주제 중 하나다. 어른과 청소년의 두뇌 차이를 연구하기 시작한 것은 1990년대 초반부터이므로 아직도 이 분야의 연구는 현재진행형이다. 중학생의 두뇌에서 벌어지는 일은 알고 보면 정말로 놀랍다.

몸만 컸지 두뇌는 아직 아이인 중학생

사람의 두뇌는 10대 초중반까지 겨우 절반 정도만 발달한다. 여성의 두뇌는 생물학적으로 만 22세에 완전히 성숙해지고 남성의 두뇌는 만 28세가 되어야 완전히 성숙해진다. 계산해보면 만 11세의 여학생 두뇌는 중간 정도 발달했지만, 남학생은 14세는 되어야 절반에 도달한다. 중학교에 들어가면서부터 두뇌가 급격히 발달하기 시작하기 때문에 괴팍스러운 행동을 하는 것이다. 그러므로 부모도 자녀도 이 시기에 대한 불안감을 덜려면 기이해보이는 중학생의 행동을 다른 '각도'에서 바라봐야 한다. 아이가 걸음마를 시작했을 때를 생각해보자. 부모는 아이가 콘크리트 바닥에서 넘어지거나 모퉁이에 머리를 부딪칠까 봐 두려웠다. 그러나 동시에 가슴이 벅찼다. 아이가 넘어질 때마다 응원했다. 그래야 아이가 더 크고 강해지고 독립적이 될 수 있다고 믿었으니까. 영원히 아이를 업고 다니고 싶지는 않았을 것이다.

두뇌발달에도 '넘어지는' 과정이 있다. 물론 걸음마와 달리 알아채기도 어렵고 사랑스러워 보이지도 않는다. 그러나 걸음마를 배우는 아이에게 보여주었던 태도를 성숙한 두뇌 사용법을 배우는 아이에게도 보여준다면, 불안정한 이 시기 내내 자녀에게 공감과 지지를 보내는 게 한결 쉬워질 것이다. 아이가 발달 중인 두뇌를 제대로 사용하는 법을 배우려고 비틀거리고 넘어질 때 부모가 고쳐주어도 괜찮다. 동시에 중학생 나이대에 아이의 결정능력과 충동조절, 비판적인 사고력이 얼마나 취약한지 감안해야 한다. 지금까지 아이가 얼마나 똑똑하고 사려 깊고 공손했는지와는 상관없다. 두뇌가 성장하는 때지만 충동조절 등을 책임지는 부분이 아직 완전히 발달하지 않았기 때문이다. 아기가 다리 근육이 약해 걸음마를 하다 넘어진다고 해서 소리를 지르는 부모는 없을 것이다. 그러나 위험한 계단 쪽으로 다가가는 것은 막을 수 있다. 날카로운 모퉁이마다 안전 패드를 덧대어주듯이, 10대 초반 자녀를 위해서도 가정에 '안전장치'를 해줄 수 있다면 얼마나 좋을까? 대신 중학생은 넘어질 때 다리가 아니라 자존심에 멍이 들 것이다.

○●● 사춘기 자녀를 대하는 부모들의 태도는 이중적이다. 자녀가 부모의 지혜를 통해 도움을 받기를 원하면서 동시에 자녀가 독립적이고 비판적으로 사고하기를 원한다. 양가적인 바람 사이에서 균형을 맞추려면 좋은 '보조 관리자'가 되는 게 핵심비결이다.

방관하지도 억압하지도 말고 '적당히' 관리해라
전두엽은 뇌의 앞쪽을 지칭하는 말이다. 주로 비판적인 사고, 충동조절, 사회적 행동 조절과 같은 복잡한 일을 책임진다. 잠시 생각해보자. 특별히 비판적인 사고와 충동조절, 사회적 행동 조절을 못하는 사람을 아는가? 아마도 10세에서 18세 사이의 누군가가 떠오를 것이다. 물론 어른 중에서도 이러한 기술이 부족한 사람은 많다. 내가 아는 사람 중에는 청소년기 두뇌발달을 방해한 트라우마를 겪었고 그 때문인지 전두엽 영역이 완전히 발달하지 않은 것처럼 보이는 사람도 있다.

전두엽은 고도의 판단과 분석을 책임지는 영역이다. 두뇌의 관리자라 할 수 있다. 한 가지 안 좋은 소식은 앞으로 7~10년 동안 자녀의 관리자가 긴 휴가에 들어간다는 것이다. 이 부분은 계속해서 천천히 발달하며 20대 초반까지는 온전하게 작동하지 않을 것이다.

이 관리자는 긴 휴식을 취할 수밖에 없다. 왜 그런지는 다음 장에서 설명하기로 하고 지금은 이 관리자가 당장은 제대로 작동하지 않는다는 것을 이해해야 부모와 자녀 모두 사려 깊고 세심한, 정보에 근거한 결정을 내릴 수 있다. 아이에게 두뇌 관리자가 지금 휴식 중이므로 당분간 '보조 관리자'가 필요하다고 있는 그대로 설명해줘라. 보조 관리자가 누굴까? 힌트를 주겠다. 그 사람은 지금 이 책을 읽고 있다.

청소년기에는 충동조절 능력이 완전히 개발되지 않았기 때문에 때로 부모가 끼어들어 아이의 생각의 흐름이 너무 성급하게 이뤄지지 않도록 속도를 조절해줘야 한다. 삶의 다른 영역에서 좋은 리더가 되는 비결과 상당히 비슷하다. 잠시 자문해보자. 당신이 함께 일했거나 지켜본 상사 중 최고는 누구였는가?

- 지속적으로 피드백을 제공한다.

- 목표를 명확하게 설정한다.

- 팀원이 잘했을 때 확실하게 칭찬한다.

- 감정에 휘둘리지 않고 건설적으로 비판한다.

- 직원의 개인적인 삶을 존중한다.

- 성장하려면 위험을 무릅쓸 줄도 알아야 한다고 격려한다.

- 새로운 것을 시도할 기회를 준다.

- 부하에게서도 배우겠다는 의지를 보여준다.

- 자기 역할을 즐기며 재미있게 일한다.

좋은 상사의 자질을 따져보았다면 이 원칙을 중학생 자녀와 부모와의 관계에 적용해보자. 나쁜 상사의 특징을 따져보고 비슷한 양육 태도를 당장 그만둬라. 내가 개인적으로 싫어하는 나쁜 상사의 특징은 지나치게 따지며 관리하는 상사다.

지나친 간섭은 절대 금물

지나치게 관리당하는 걸 좋아하는 사람은 없다. 청소년기 동안 자녀의 효과적인 '보조 관리자'가 되려면 아이를 지나치게 관리하려 들지 말고 아이 스스로 비판적으로 사고할 수 있게 가르쳐야 한다.

아직 전두엽이 완전히 발달하지 않았다고, 즉 자녀의 두뇌 관리자가 휴식에 들어갔다해서 부모가 아이 대신 100퍼센트 결정하며 개입해야 한다는 말은 아니다. 중학교 시기 청소년들은 비판적인 사고와 의사결정을 많이 연습해야 한다. 그렇지 않으면 뇌는 이를 중요한 기술로 여기지 않고 완전하게 개발시키지 않는다. 생각만 해도 무서운 일이다. 자녀가 직접 뭔가를 결정하고 비판하도록 돕는 일은, 마치 굳지 않은 콘크리트에 손바닥 도장을 찍는 것처럼 자녀의 두뇌에 기술을 탑재하는 것과 같다. 한번 도장을 찍고 나면 나중에 더욱 단단히 자리를 잡는다. 기술을 연습할 기회를 놓치면 아이의 두뇌는 필요한 기술을 탑재하지 못한 상태로 어른으로 자랄 것이다.

만약 내가 상사나 배우자, 부모, 심지어 친구에게 지나치게 '관리'당한다면 어떨까. 스스로 뭔가를 달성해서 성취감을 느낄 기회가 거의 없을 것이다. 어른도 그런데 인생에서 가장 강하게 독립성을 요구하는 시기인 10대 초반 아이들을 지나치게 억압하고 관리하려 들면, 아이들은 얼마나 압박을 받을까. 어른보다 몇곱절은 클 것이다. 청소년기 아이들은 좋은 상사에게 묻듯 부모에게 의사결정에 관한 도움을 구하곤 한다. 이때 아이의 선택을 통제하지 말고 '길잡이 역할'을 해준다는 시각으로 접근해야 한다.

나는 일상생활의 모든 면에서 질서정연하고 논리적인 체계를 중시하는 의붓아버지 밑에서 자랐다. 식기세척기에 그릇을 일정한 방향으로만 쌓는 일부터 부엌의 잡동사니 서랍을 완벽하게 정리하는 일까지, 그는 자신의 환경을 일관되게 정리하고 통제하고 싶어 했다. 엄마와 새아버지는 내가 여덟 살 때 재혼했다. 뻔하게 예측할 수 있는 그의 질서와 체계는 부모님의 이혼으로 인한 혼란스러운 내 마음에 안정을 주었지만, 중학교에 들어가면서부터는 그 완고함에 반항심이 생겼다. 약간 극적으로 들리겠지만 열세 살 여학생에게는 당연한 일이었다. 식사를 마친 우리 집 풍경은 대략 다음과 같았다. 솔직히 집안일을 거드는 10대라니, 얼마나 대단한가!

나: (식기세척기에 접시를 넣는다. 포크와 나이프를 은식기 바스켓에 넣는다.)…….

그: (식기세척기 옆에 서서 내가 식기를 쌓는 모습을 지켜본다.) 그렇게 하면 안 되지.

나: 예?

그: 그렇게 하는 게 아니야.

나: (언제부터 새아빠가 이래라저래라 하는 상사가 됐지? 왜 아빠식으로만 해야 하는데? 더 좋은 방법이 있을 수도 있잖아.) 예?

그: (얼굴을 찡그리며) 접시를 닦아내고 앞을 향하게 놔야지.

나: (그럼 직접 앞을 향하게 놓든지요. 새아빠는 손 없어요?) 알았어요.

그는 뒷짐을 지고 내가 그릇이나 컵 등을 정리하는 동안 계속해서 나의 실수를 체크하고 바로잡았다. 그런 풍경은 10분 후 내가 방으로 돌아가 저녁 내내 문을 닫아둘 때까지 계속되었다.

반전이라면 새아버지의 집요한 관리 덕분에 내가 열심히 하는 버릇을 들였다는 사실이다. 나는 일이 힘들어도 절대로 포기하지 않는다. 꾸준히 노력한다. 높은 수준의 생산성을 요구하는 사람들과도 일할 수 있다. 식기세척기에 그릇 쌓기가 올림픽 종목으로 채택된다면 금메달을 딸 자신도 있다. 이 모든 게 새아버지의 영향이고 그 점에 대해 감사한다.

이 대목에서 '그러나'가 나올 차례다. 그러나 지나치게 자녀를 통제하고 관리함으로써 뛰어난 결과만큼이나 부작용도 상당했다. 나는 친구들까지 지나치게 '관리' 당할까 무서워 우리 집에 데려오지 않았다. 또 집에서는 할 수 없었기 때문에 집 밖에서 더 많은 위험을 무릅썼다. 어떤 일을 함에 있어 자신감도 부족했다.

식기세척기 임무에서 배운 교훈의 긍정적인 효과와 부정적인 효과를 저울질하는 게 나로선 어렵다. 지금이야 어른이 되었으니 두 가지가 상호 배타적이지 않다는 걸 안다. 살아가면서 필요한 기술을 높은 기준치로 가르치는 동시에 개인의 창조성과 개성을 격려하는 방법도 있다. 지금 내게 식기세척기에 포크를 두는 방법을 물어본다면 반드시 윗면이 위로 가게 놓아야 한다고 명료하게 말할 것이다. 그러나 내 자녀들이 식기세척기에 그릇을 쌓고 돌리고 다시 그릇을 꺼내는 동안 옆에 서서 지나치게 간섭하지 않는다면 나는 아이들이 포크를 위로 넣든 말든 신경쓸 필요가 없다. 아이들은 집안일을 도왔다는 만족감과 뿌듯함을 얻을 것이고 나는 다른 방에서 드라마를 볼 수 있다!

아마 이 책을 읽는 부모들은 이렇게 말하겠지. 식기세척기에 그릇을 두는 방법 따위는 자녀의 귀가 시간, 스마트폰 사용 시간, 학교 숙제와 같은 일들을 관리하는 것과는 전혀 다른 문제라고 말이다.

식기세척기에 그릇을 쌓는 일과 귀가 시간이나 학업 문제와 같은 일을 관리하는 건 완전히 별개의 문제라고 반박한다면 이렇게 말해야겠다. 중학생한테는 분명히 제약이 필요하다. 합리적인 시간에 잠자리에 들게 하고 집안일을 거들게 하고 가족과 시간을 보내도록 해야 한다. 단, 제한을 견고하게 정하되 싸움은 되도록 피해라. 좋은 상사들이 가장 중요한 항목에 대해서만 기대치를 분명히 정하고 나머지는 모른 척 넘어가 주는 것을 기억해라.

부모는 지나치게 세세한 관리자가 아니라 보조 관리자가 돼야 한다. 보조 관리자의 중요한 역할 한 가지는 아이의 사고과정 '속도' 를 천천히 늦추는 것이다. 즉, 아이가 충동적인 감정을 조절하고 비판적으로 사고하는 능력을 키우도록 도와야 한다. 사고 속도를 늦추는 좋은 방법은 아이에게 질문을 던지고 선택안 중 하나를 고르게 하는 것이다. 그저 유연한 접근법처럼 들리겠지만, 감정적으로나 청소년기 정서 발달에 이점이 많다.

예를 들어 아들이 코치가 짜증나서 농구를 그만두겠다고 선언했다고 하자. 부모는 아들의 '관리자(청소년기 전두엽)'가 하필 휴식 중이라 비판적인 사고와 충동조절, 사회적 행동 조절이 제대로 이루어지지 않아 아들이 과잉반응하고 있다는 것을 안다. 그러니 아들에게 상황을 달리 생각해보라고 설득하는 것은 불가능하다. 부모가 할 수 있는 일은 아이 스스로 더 좋은 해결책을 찾을 수 있게 몇 가지 질문을 던지는 것이다. 예를 들어 보자. 이 상황에서 아래와 같은 질문을 던지면 아이는 분노를 멈추고, 충동적으로 반응하는 대신 상황을 천천이 곱씹게 된다.

한편, 중학생 자녀와 대화할 때는 '중립적인 표정'을 지어라. 절대 인상을 쓰면 안 된다. 아이는 자신의 행동이 '판단' 당한다고 생각하면 더는 부모와 얘기하지 않으므로 대화할 때의 표정은 중요한 문제다. 나는 인상을 쓰지 않으면 주름이 지지 않기 때문에 이를 '보톡스 이마'라고 부르는데, 자녀와 계속해서 의사소통이 이뤄지게 하는데 놀라운 효과가 있다. 그럼 구체적 예를 살펴보자.

- 팀을 나왔을 때 네가 아쉬워할 점은 없니?
- 코치가 짜증나게 하면 다른 아이들은 어떻게 반응하니?
- 네가 코치라면 어떻게 했을 것 같아?
- 네가 그만두면 팀원들은 뭐라고 할까?

만약에 부모가 다음과 같이 반응한다면 아들은 의사소통을 차단하고 더는 입을 열지 않을 것이다.

- 그만둔다고? 팀원들은 네가 필요해. 걔들을 버릴 거야?
- 하지만 넌 농구를 잘하잖아! 그만두면 안 돼. 엄마, 아빠는 농구 하는 네 모습이 정말 좋단 말이야.
- 최고는 아니어도 코치는 코치야. 살다 보면 언제나 그런 짜증나는 사람들을 만나게 돼.
- 네가 과잉반응하는 거야. 지난주에는 잘했잖아. 시간이 지나면 괜찮아질 거야.

이런 말하기 방식은 자녀가 천천히 상황을 돌아보고 비판적으로 사고하도록 만드는데 전혀 도움이 되지 않는다. 오히려 새로운 요인들, 예컨대 팀원들을 버린다, 자신을 저버린다, 미래에 영향을 미친다, 부모가 나를 무시한다, 라는 생각을 추가해 아이의 머릿속을 복잡하게 만들 뿐이다. 이러면 아이는 부담감을 느끼고, 마음을 열고 문제를 더 이성적으로 생각하려하기보단 '침묵' 상태에 돌입할 것이다.

놀랍게도 나의 새아버지는 이런 문제의 달인이었다. 중학교 때 친한 친구 두 명이 나를 우정의 테두리 밖으로 차버렸던 적이 있었다. 나는 좌절했고 어느 날 지하실에서 울다가 새아버지에게 들켰다. 침착하고 냉정한 〈스타트렉〉의 엔터프라이즈호 부관인 스포크 같은 논리로 그는 어떤 판단이나 감정이 느껴지지 않는 말투로 내 상황에 대해 질문을 시작했다.

- 정말로 그 애들과 친구가 되고 싶어서 우는 거니, 아니면 이런 일이 일어나 슬퍼서 우는 거니?
- 그 애들을 존중하니? 그렇다면 그 애들의 비판도 유익하다고 받아들이렴. 그렇지 않다면 걔들이 뭐라 하든 신경 쓰지 마라.
- 너와 같은 일을 당한 다른 친구를 보았다면 뭐라고 말해주고 싶니?

새아버지는 그 애들이 못됐다고 말하지 않았다. 그랬다면 나는 오히려 친구들을 옹호했을 것이다! 그럴 가치가 없으므로 이 일을 극복해야 한다고도 말하지 않았다. 만약 극복하라고 말했다면 나는 어떻게 극복해야 할지 몰라 더 울었을 것이다. 그가 자신의 의견을 내게 밀어붙이지 않고 내가 상황을 감정적으로 말고 비판적으로 생각할 수 있게 '사고의 속도'를 늦춰주었던 게 효과가 있었다.

자녀에게 '사회생활' 스킬을 알려주자

남에게 불쾌한 말을 들었을 때 이틀이나 지나야 완벽한 대답이 떠오를 때가 있다. 그래도 어른들은 거북한 상황에 직면했을 때 적당한 대응 방법을 곧바로 떠올리기 쉽지만, 중학생 입장에선 굉장히 어렵다. 친구가 나를 비난했을 때, 인기 있는 여학생이 숙제를 베끼게 해달라고 부탁할 때, 귀여운 남학생에게 옷차림을 놀림 받았을 때, 아이들은 감정적으로 반응하기가 쉽다. 어떤 아이는 울고, 어떤 아이는 그냥 듣고만 있고, 어떤 아이는 주먹부터 휘두르며, 마음의 문을 완전히 닫아버리는 아이도 있다. 중학교도 하나의 '사회'며 중학생이 되면 누구나 학교에서 난감한 상황에 처한다. 아이를 도우려면 이런 상황에 대응하는 방법을 미리 연습시키는 게 가장 좋다.

언뜻 역할극을 해보라는 말처럼 들리겠지만, 그건 아니다. 자녀들에게 부모와 학교에서 벌어지는 상황을 역할극으로 재연해보자고 하면 거북해할 것이다. 그보다는 주어진 상황에서 어떤 식으로 반응할 것인지 제한 없이 질문을 던지는 방식으로 연습하는 게 좋다.

아이와 이런 상황을 미리 연습하는 건 몇 가지 이점이 있다. 우선 아이들의 '관리자'가 쉬는 동안에도 완전한 무방비 상태를 면할 수 있다. 또 비판적인 사고와 문제해결 능력이 장기적인 두뇌 기능으로 자리 잡게 하는 가장 좋은 방법이기도 하다. 아이가 중학교에 갈 무렵이면 아이의 측두엽은 그동안 축적해온 온갖 중요한 학습 내용을 보관하는 캐비닛처럼 앞으로 새로 배울 내용을 위해 공간을 확보하기 시작한다.

> ○●● 측두엽은 우리 인생에서 두 차례 새로운 정보를 담을 공간을 마련하기 위해 불필요하다고 생각하는 정보를 일제히 정리한다. 대략 2세와 11세 때다.

그렇다면 두뇌가 새로운 지식을 담을 공간을 마련하기 위해 청소하는 정보를 선별하는 기준은 무엇일까? 매우 간단하다. 가장 적게 사용하는 정보를 가장 먼저 정리한다. 아이가 특정 기술의 연습을 중단하면 두뇌는 다른 것을 위한 공간을 확보하기 위해 그 기술부터 없애야겠다고 결정한다. 이는 다음 두 가지 이유 때문에 자녀교육에 있어 중요한 의미가 있다.

하나, 부모나 아이나 어떤 기술을 성인기까지 지속시켜야 한다고 생각한다면 11세 전에는 중단하지 마라. 어떤 것도 절대로 중단해서는 안 된다는 말이 아니다. 몹시 중요하다고 생각되는 것은 발달시키고 적어도 13세까지는 계속 시켜라. 악기 연주나 외국어 회화 같은 걸 들 수 있다. 그 후로는 잠시 중단했다가 다시 시작해도 그 지식이 완전히 없어지지는 않는다.

둘, 청소년기에 배운 새로운 기술들은 열심히 반복하고 훈련하면 두뇌에 안전하게 저장된다. 특히 사회적 문제를 해결하는 방법을 알려주는 게 중요하다. "내일은 버스에서 놀림을 받아도 가만히 있지 말고 맞서도록 해봐"라고 말하는 것으로는 충분하지 않다. 어떻게 말하고 어떻게 서 있고 어디를 봐야 하는지 등을 구체적으로 연습해야 현장에서도 똑같이 할 수 있다. 연습을 많이 할수록 능숙해진다.

자녀에게 '사회생활' 연습시키는 법

나는 여학생을 위한 교육과정 '아테나의 길'과 남학생을 위한 '영웅의 추구'라는 중학생 대상 여름캠프를 운영하고 있다. 중학교라는 사회에서 아이들이 생존하고 발전할 수 있도록 일주일간 각종 게임과 활동을 진행한다. 수천 명의 아이들이 이 프로그램을 거쳐 갔는데, 가장 인상적인 수업이 '비판에 대응하는 법'이다. 캠프에 참가한 학생들은 또래들에게 비난을 받았을 때 긍정적으로 대응하는 방법에 대해 브레인스토밍을 해본다. 처음에는 각자 수첩에 그동안 들었던 최악의 말을 적는다. 그런 다음 효과적인 대응법을 생각해보고 실제로 그룹 앞에서 연습을 해본다.

로라는 10년 전 첫 번째 '아테나의 길'에 참석했던 사랑스러운 6학년 여학생이었다. 로라는 수첩에 이렇게 적었다. "넌 정말 이상한 애야. 아무도 널 좋아하지 않아." 로라는 이런 상황이 실제로 벌어지면 유머러스하게 반응하겠다고 선택했고 다른 캠프 참가자들과 연습했다. 처음 연습 때 누군가 로라가 수첩에 쓴 말을 읽어주었는데, 로라는 제대로 대응하지 못했다. 상대방에게도 똑같이 모욕을 돌려주고 싶은 본능적인 마음 때문에 이렇게 대답했다. "적어도 난 너와 달리 나만의 스타일이라는 게 있어…". 리더가 다시 연습을 시키자 로라는 점점 자신감을 가졌고 상대방의 싸움을 유도하지 않는 수준으로 발전했다. 그리고 결국 유머를 발휘할 수 있게 되었다. "괜찮아. 난 이런 게 어울려. 게다가 지금은 그것밖에 가진 게 없어!"

처음에는 로라도 엄마도 이런 연습이 쓸모 있을 거라고는 믿지 않았다. 로라는 재미있고 이지적인 가족과 함께 사는 행복하고 활동적인 소녀로 초등학교를 성공적으로 졸업했다. 그런데 중학교에 입학하면서 학교 버스를 타고 등교하게 되었다. 일주일 정도 지났을 때 중학교 2학년 여학생이 버스 뒷자리로 가다가 로라 앞에 멈춰 섰다. 로라를 똑바로 보면서 버스 안의 모두가 들을 수 있게 큰 소리로 물었다. "넌 머리가 왜 그 모양이니?"

로라는 캠프에서 연습했던 게 떠올랐고 빙긋 웃으며 대꾸했다. "나도 모르겠어. 그런데 지금은 머리 모양을 바꿀 수 없어!" 로라는 시험을 통과했고 여학생은 더는 문제를 일으키지 않고 제자리로 돌아갔다. 그날 오후 로라는 버스에서 내리자마자 엄마를 보고 울음을 터뜨렸다. 엄마 말에 의하면 로라는 몇 분간 엄청나게 긴장하고 불안해했지만, 곧 마음을 가라앉혔고 엄마에게 캠프에서 배운 대로 스스로 문제를 해결했다고 말했다. 로라는 이 경험을 통해 세 가지 도움을 받았다.

① 갈등을 키울 수 있는 충동적이고 감정적인 반응을 피했다.

② 비판적인 사고와 문제해결 기술을 연습함으로써 그 기술을 측두엽에 단단히 새길 수 있게 되었다.

③ 스스로 문제를 해결할 수 있다는 자신감이 생겼고 피해자가 되지 않았다.

어떤 부모는 계획적이고도 침착한 반응을 체념이나 포기와 혼동한다. 이런 부모들은 자녀가 갈등 상황에 처하면, 싸움에서 이길 수 있게 강하게 나가거나 똑같이 되갚아주어야 한다고 생각한다. 그러나 이런 방식은 문제해결과 거리가 멀다. 먼저 불을 지핀 상대에게 같은 태도로 응대하면 상대방은 더 재밌어 한다. 차분하게 '나는 너에게 휘둘리는 사람이 아니다'라는 걸 알려주는 동시에 '자신감'을 드러내는 게 효과적이다. 이것이 진짜 힘이다.

그러나 놀림을 받았을 때, 본능적으로 침착하게 응대하면서 상대방에게 휘말리지 않을 중학생은 거의 없다. 그래서 연습이 필요한 것이다. 아이에게 이 모든 것을 설명해줘라. 상황을 싸움으로 몰아가지 않고 비열한 말에 대응할 수 있는 다섯 가지 방책을 떠올려보게 하자. 그런 다음 연습을 해보자. "버스에서 만난 아이가 너한테 '닥쳐, 쓰레기야'라고 했다고 치자. 그럼 뭐라고 말해줄 거야?" 이때 부모는 중학생 목소리를 흉내 내거나 분위기를 과도하게 부풀리지 않아야 한다. 감정적으로 중립을 지켜야 아이도 이 상황이 어색하거나 '바보 같다'고 느끼지 않아 연습에 더욱 진지하게 임한다.

단지 상대방의 모욕적인 말에 어떻게 응대할 것인가만 다룰 게 아니라 적대를 끝내는 법도 가르쳐줘야 한다. "이제 됐어"나 심지어 미소까지 띠면서 "우린 서로 의견이 다른가 보다"와 같은 말로 마무리하고 뒤돌아서거나 걷기 시작하라고 가르쳐라. 아이가 계속 그 자리에 서 있으면 상대방이 계속해서 갈등을 부추길 수 있다.

파도처럼 출렁이는 중학생 마음

중2병에 걸려 한창 충동적인 사춘기 자녀와 한집에서 살기가 쉽지는 않겠지만, 잘 생각해보면 유익한 점도 있다.

전두엽이 사고의 뒤편으로 물러나 있는 10대 초반과 중후반 동안 두뇌의 다른 영역이 강화되고 주도적인 역할을 한다. 이때는 두뇌의 가운데 위치한 편도체가 주도적인 역할을 한다. 이 시기 아이들을 봤을 때 편도체가 두뇌의 감정 중추라는 말을 들어도 그리 놀랍지 않을 것이다.

중학생은 사소해보이는 문제도 감정적으로 흥분하며 반응한다. 그 말은 사회적인 부당함에 대해서도 감정적으로 격렬하게 반응한다는 뜻이다. 어떤 일이 부당하다고 자각하는 정의롭고 호기 있는 중학교 1학년 학생을 본 적이 있는가?

편도체의 가장 좋은 점을 꼽으라면 감정이입을 담당한다는 것이다. 중학교 1학년 무렵, 책을 읽다가 걷잡을 수 없이 눈물을 흘렸던 적이 있는가? 내 경우는 〈미스 제인 피트먼의 자서전〉과 〈아웃사이더〉였다. 읽으면서 눈물을 흘렸던 책이 대략 스무 권 정도 된다.

중학교 시절은 마법 같은 면이 있어서 세계를 변화시키는 힘과 능력을 진심으로 믿게 된다. 그러니 중학생의 감정이 넘쳐흐르는 것도 쉽게 이해할 수 있다. 이 감정의 홍수가 감정이입이라는 제4의 물결을 몰고 온다는 사실을 경축하자. 감정이입 능력을 통해 아이는 이 사회에서 더욱 온정적이고 유익한 사람이 될 수 있다.

중학생은 판단력과 충동 조절, 비판적인 사고가 부족하기 때문에 때때로 우여곡절을 겪을 것이다. 그러나 이 모든 게 자연스러운 모험이므로 즐기려고 노력해라. 약속하건대 이 또한 지나가리라.

이제 중학생의 두뇌 기능이 어떻게 작용하고 또 어떻게 작용하지 않는지 기본을 이해했으므로 왜 그 관리자가 휴식을 그토록 오래 취해야 하는지 알아보기로 하자.

중학생은 정체성을
형성하는 시기다

1980년대 중반, 나는 잡지 〈세븐틴〉에서 에이미 그랜트의 인터뷰 기사를 읽고 큰 영향을 받았다. 그녀는 이런 말을 했다. "머리카락을 보라색으로 물들이고 영국식 억양으로 말하고 싶으면 해라. 그게 영원하지는 않다. 자신이 누구인지 알아가며 즐겁게 지내라."

당시 청소년이었던 나는 내가 원하는 진정한 나를 알아내기 위해서라면 어떤 스타일이나 문화와 억양까지 시도해볼 수 있다는 말을 듣고 해방감을 느꼈다. 그때부터 내 인생의 과감한, 동시에 끔찍했던 패션 '흑역사'가 시작되었다. 랩퍼들이 입을 것 같은 베기 바지부터 괴상한 파마 머리와 레이스 장갑까지, 내가 누구인지 이해하려고 상상할 수 있는 모든 패션을 시도했다. 결국 기본적인 청바지와 티셔츠가 가장 어울리는 사람이라는 게 드러났지만, 당시에는 결론에 도달하기 전까지, 여러 가지 실험을 해볼 권리가 있다는 말을 들으니 기분이 좋았다.

알다시피 아이들은 중학교에 들어가면 더 많은 '위험'을 시도한다. 아이들이 나쁜 옷차림처럼 일시적이거나 무해한 위험만 시도하는 것은 아니다. 그러나 이런 일시적인 시도들을 격려할수록 부모들이 진심으로 두려워하는 섹스, 음주, 낯선 사람과의 만남 등을 시도할 가능성이 줄어들 것이다.

○●● 자녀가 새로운 것을 시도할 거라고 '예측'하는 것과 그렇게 해보라고 '지지'하는 것은 다르다. 자녀의 다양한 시도들을 지지하기 위해선 우선 아이의 새로운 행동을 부추긴 게 무엇인지 이해해야 한다.

자유롭게 개성을 표현하도록 허락해라

잊지 마라. 두뇌의 관리자인 전두엽은 청소년기에는 완전하게 기능하지 않는다. 청소년기에는 감정을 컨트롤 하는 부분이 두뇌의 주도적인 역할을 담당한다. 그래서 고등학교까지 '보조 관리자'로 일하며 아이의 비판적인 사고기술과 충동조절 능력 개발을 돕는 게 부모의 역할이다. 부모 입장에서 사춘기 아이들은 엉망진창이다.

참 이상하다. 아이들이 문제를 일으킬 가능성이 큰 10대 시절이야 말로 충동조절 능력이 더 강해야 할 것 같지 않은가? 언뜻 그렇게 생각하는 게 논리적으로 보일테지만, 일단 전두엽이 완전히 성장하기까지는 오랜 시간이 필요하고, 무엇보다 두뇌의 감정 중추가 청소년기에 더 강력한 힘을 행사하는 중요한 이유가 있다.

○●● 중학생 아이의 주된 임무는 부모와는 다른 자신의 정체성을 개발하는 것이다.

이유가 무엇일까? 청소년기부터 대략 6~8년 동안, 아이들은 독립할 준비를 한다. 인간의 먼 조상들과 비교하면 꽤 긴 시간이다. 어쨌든 그때가 되면 아이는 더 이상 부모의 규칙과 영향력에 얽매이지 않을 것이다. 부모가 누구이고 어떤 의미가 있는지가 아니라 자신이 누구이고 어떤 의미가 있는지를 알아야 한다.

부모로서는 언뜻 이해가 안 될 수도 있다. '정체성 개발을 6학년이 되어서야 시작한다고? 처음부터 고유한 개성을 갖고 태어난 게 아니었던가? 지금까지 자라온 시간은?'

맞는 말이다. 모든 아이는 고유한 개성을 갖고 태어난다. 훌륭한 아동심리학자이자 내 친구인 던은 부모가 할 일은 자신이 '기대하는' 아이가 아니라 '주어진' 아이를 위한 최선의 환경을 만들어주는 것이라고 말한다. 부모는 영아기처럼 이른 시기부터 아이에게서 어떤 기질과 고유한 개성을 발견하기 시작한다. 그러나 정작 당사자인 아이는 훨씬 더 늦게 자율적인 개인으로서 자신의 모습을 알아챈다. 아이는 자신을 부모의 연장선으로 생각하다가 약 만 12세가 되어서야 스스로에게 의문을 품고 부모에게서 떨어져 독립적인 인격으로서 자신이 어떤 사람인지 이해하려고 애쓴다.

지난 12년 동안 부모 품에 안겨 있던 어린아이에게는 믿을 수 없을 만큼 어렵고 힘든 도전이다. 당연히 부모에게도 어려운 일이다. 이와 같은 변화를 준비하려면 더 이른 나이대부터 아이가 자신의 고유성을 주장할 수 있게 충분히 기회를 주어야 한다. 그중 한 가지 방법이 바로 옷차림이다.

우리 집 큰애는 딸이다. 딸이 어린이집에 다닐 무렵 스목드레스에 우스꽝스러울 만큼 큼직한 리본이 유행이었다. 어린이집에 다니는 여자아이들이 어떻게 고개를 똑바로 들고 있을 수 있는지 이해가 안 될 정도로 큼직한 리본을 달고 다녔다. 나도 스목드레스와 리본을 몇 번 시도했지만, 딸애는 리본을 잡아 뜯어버렸다. 다른 여자애들도 그러는 모습을 몇 번 목격했는데, 엄마들은 리본이 제자리에 있지 않으면 아이에게 애원하거나 다른 데로 주의를 돌리거나 심지어 위협하고 벌을 주기도 했다. 엄마들이 어린 딸의 외모를 이토록 진지하게 생각하는 게 이상했는데, 아마 딸을 자신의 연장선 심지어 액세서리로 여기는 것 같았다. 멋진 옷을 차려입고 핸드백 대신 비닐봉지를 들고 다니지는 않듯이 부랑아처럼 입은 세 살 딸을 데리고 다니고 싶지 않은 것이다. 세련돼 보이지 않으니까.

내 딸은 리본을 하지 않으려고 했을 뿐만 아니라 아주 이상한 조합으로 옷을 입으려고 했다. 예를 들면 레인부츠에 발레복에 숄을 걸치고 준비 끝! 내 눈에는 말도 안 되는 차림새로 보였지만 그냥 허락했다. 하지만 다른 사람이 어떻게 생각할지는 솔직히 신경 쓰였다. 내 방식이 옳다고 생각하면서도 나를 어떤 엄마로 여길까 은근히 걱정했다. 지금도 마음속에 울리던 목소리가 기억난다. 나중에 아이가 자라 하이힐에 수영복을 입고 머리에 왕관을 쓴, 친구도 하나 없이 고양이나 끌어안고 사는 여자가 되면 어쩌나. 엄마인 내가 제 역할을 하지 못하고 아이에게 유행을 적절히 따라가는 방법을 가르쳐주지 않은 탓에 말이다!

아이가 어린이집에 다니는 동안 가장 행복했던 순간이 기억난다. 어느 날 아침 딸이 몹시 특이하게 차려입고 뽐내며 어린이집에 들어갔는데, 아주 예쁘장하고 잘 어울리는 옷차림을 하고 다니는 여자애의 엄마가 내게 이렇게 말했다. "저 애가 오늘은 무슨 옷을 찾아 입고 왔는지 보는 게 참 좋아요. 언젠가는 저 애가 디자인한 옷을 입게 될지도 모르겠어요." 그 후로 더는 의문을 품지 않았다. 자랑스러움이 몰려왔다. "그래! 이렇게 해서 예술가도 기업가도 생겨나는 거야!"

요점은 자녀가 중학교에 들어가서야 처음으로 개성을 주장하게 허락한다면 부모도 아이도 그 시간이 고통스러울 수밖에 없다. 제 방을 어떻게 꾸밀지, 어떤 옷을 입을지, 어떻게 말하고 노래할지, 어떻게 글을 쓰고 그림을 그릴지 등 개인적으로나 공개적으로 자신을 표현할 수 있게 허락하지 않으면 뭐든 부모 몰래 할 수밖에 없다.

자녀가 은밀하게 '실험'하지 않아도 되도록, 자신이 어떤 사람인지 표현하게 허락해라.

이성보다 감성이 앞서는 시기

스스로 무언가 선택한다는 건 독립을 향한 큰 걸음이다. 초등학교 고학년이 되면 아이는 스스로 점심을 챙기고 큰 불만 없이 샤워하고 부모가 부탁하면 대체로 집안일도 거든다. 혹시 안 그런다면 당장 오늘부터 시켜라! 작은 일도 일일이 부모의 도움이 필요했던 시간을 지나 독립심이 싹트는 것이다. 그러나 아직 완전히 성장하지는 못했다. 부모 입장에서 초등학교 고학년 때쯤 스스로 자기 일을 챙기는 자녀에게 일시적인 안정감을 느낄 수도 있지만, 중학교에 들어가 자녀가 정체성을 찾는 임무를 시작하면 부모의 세계도 아이의 세계도 근본부터 흔들린다. 그러나 인생에 이 단계가 없으면 아이는 '나는 누구인가?'라는 질문에 자신 있게 대답할 수가 없다. 그러므로 울퉁불퉁 험난한 길일지라도 이 단계는 반드시 필요하다. 또 결국 커다란 성취감을 안겨주기도 한다.

두뇌의 관리자, 즉 전두엽은 충동조절과 비판적 사고를 관장한다. 만약 이러한 기능이 중학교 시기에 완전히 발달해 있다면 10대 초반 시절을 보내기가 훨씬 쉬워질 것이다. 그러나 반대로 생각하면 10대 초반 시절이 훨씬 더 힘들어질 수도 있다. 10대 초반에는 부모와 동떨어진 자신의 고유한 정체성을 찾는 게 주된 일이다. 정체성을 확립해야 언젠가 집을 떠나 직장을 구하고 자신의 가족을 꾸려나갈 수 있다. 그러나 아이의 관리자가 완전히 발달해 있다면 그럴 필요가 없다고 말할 것이다. 전두엽의 기능은 안전하게 움직이고 합리적으로 생각하고 불필요한 위험은 시도하지 않게 거드는 것이다.

이 관리자가 아이 귀에 대고 속삭일 것이다. "뭐하러 위험을 무릅써? 여기 필요한 게 다 있잖아. 따뜻한 침대도 먹을 것도 TV도 있어. 바깥세상은 무서워. 그냥 시키는 것만 하면서 여기 있자."

중학생 자녀의 불성실한 태도나 충동이 부담스럽다고 느낄 때면 오히려 이러한 행동 변화가 더 높은 목적을 달성하기 위한 것임을 기억하자.

○●● 정체성이 발달하려면 비판적인 사고와 충동조절을 억누르는 한 가지가 몹시 필요하다. 바로 용기이다.

정체성 혼란을 겪는 사춘기 아이들

심리학자 에릭 에리슨은 '정체성 위기identity crisis'라는 말을 만들었는데 중학생이 겪는 정체성 위기의 핵심은 아동기와 성인기 사이에 양다리를 걸친 데서 기인한다. 딸아이가 화장을 하고 싶어 하다가 어느 날은 갑자기 인형 머리를 빗기며 놀고 싶어 하는가? 아들이 소파 옆자리에 바짝 붙어 앉아 재잘대다가 누구한테 문자를 보내냐고 물어보면 버럭 화를 내는가? 아동기와 성인기 사이의 과도기를 제대로 건너가기란 쉽지 않다. 특히 그 변화 과정을 또래들이 지켜보며 평가할 때는 훨씬 더 어렵다.

딸은 부모 곁에서 인형을 갖고 노는 건 편안하다. 그러나 친구들 곁에선 부끄럽다. 프레너미frenemy[×] 주변에서는 사회적 자살행위다. 딸아이는 마주치는 모든 사회적 상황에서 자신이 어떤 사람으로부터 영향을 받는지 판단해야 한다. 자신에 관한 수많은 가설을 만들어야 하고 이 가설을 시험하기 위해 수많은 예측을 해야 한다. '나는 누구인가?'는 중학생에게는 어마어마하게 어려운 질문이다. 나올 수 있는 답이 너무도 많기 때문이다.

아이가 이 같은 사회적인 딜레마를 맞아 부모에게 고민을 털어놓았는데 "그냥 너답게 해라"라고 대답한다면 아이는 의문을 품을 수밖에 없다. "나다운 게 뭐지? 집에서 아침식사를 할 때의 나? 사이가 안 좋은 아이들과 함께 버스에 탔을 때의 나? 수학이 어려운 나? 축구장에서 골을 넣는 나? 괴롭힘 당하는 아이를 볼 때의 나? 방과 후 친한 친구와 비밀을 나누는 나? 엄마를 부둥켜안은 나?"

아이에겐 사회적 상황마다 다른 자아가 요구된다. 그래서 때론 어른처럼 굴고 싶어하고, 때론 어린아이처럼 군다. 아이는 진정한 정체성을 찾을 때까지 수많은 실수와 착오를 겪을 것이다. 이 과정은 10대 시절 내내 계속된다. 중학교에서 진정한 정체성을 찾는 사람은 없다. 이런 어려움을 겪지 않으면 사람은 자신이 누구이고 자신이 어떤 사람이 되고 싶은지 판단할 수 없다.

"그냥 너답게 해"는 자녀가 직면한 사회적 딜레마를 해결해주는 대답이 아니다. 정말 힘들겠구나, 또는 실망스럽겠구나, 당혹스럽겠

×   친구(friend)와 적(enemy)의 합성어. 친구이자 적이기도 하다는 뜻

구나와 같이 아이의 감정에 공감부터 해라. 자녀에게 다양한 상황에서 어떻게 느끼고 행동해야 할지 알아내는 일이 부담스럽다는 걸 이해한다고 표현해라. 누구나 그런 상황에서는 어려움을 느낀다. 자신을 둘러싼 사회적 배경을 이해하는 일이란 때로는 도전이며 때로는 흥분되는 일임을 안다고 말해줘라. 또 어떤 일이 있어도 너를 섣불리 판단하지 않고 옆에 있어주겠다고 안심시켜라.

만약 아이가 자신의 정체성을 개발하지 않는다면 어떻게 될까? 아이가 진심으로 부모의 연장선이 되기를 원한다면? 부모도 그게 특별히 신경 쓰이지 않는다면? 아이와 가깝게 지내는 건 좋다. 부모가 강력한 가치관과 확신을 품고 있고 아이도 이에 완전하게 동의한다면 아이가 부모의 미니 아바타가 된들 뭐가 문제겠는가?

이론적으로는 중학생 아이가 부모의 지붕 밑에서 성장하며 부모의 권위에 절대로 도전하지 않고 부모와 같은 의견을 가지는 게 잘못된 일은 아니다. 솔직히 대단해보이기도 한다. 그러나 안타깝게도 실제로 그런 일은 벌어지지 않는다. 딸이 부모의 생각과 180도 어긋나는 반대 행동을 할 필요는 없고 또 그러기를 바라지도 않지만, 발달 단계는 선택할 수 있는 게 아니다. 어떠한 반발도 없이 한 단계에 그대로 머물러 있을 수는 없다. 한 곳에 너무 오래 머물러 있으면 쫓겨날 가능성이 크고 결과도 그리 아름답지 못할 수 있다.

중학생 즈음 시작되는 발달 단계를 '정체성 vs 역할 혼란Identity vs. Role Confusion'이라고 부른다. 에릭슨은 탄생부터 죽음까지 인생을 일곱 단계로 나누고 한 단계의 갈등을 해결해야 다음 단계로 성공적으로 넘어갈 수 있다고 말했다. '정체성 vs 역할 혼란'은 개인이 되고 싶은 모습과 사회에서 자신이 맡은 역할 사이에서 느끼는 혼란이다. 정확히 10대들이 할 법한 고민처럼 들리지 않는가. 정체성을 긍정적으로 지각하지 못한 사람도 19세가 되면 다음 발달 단계인 '친밀감 vs 고립' 단계로 넘어간다. 명칭에서 알 수 있듯이 초기 성인기에 시작해 약 40세까지 이어지는 이 단계는 다른 사람과 유익하고 친밀한 관계를 이루는 법을 알아야 하는데 그렇지 못하면 외로울 수밖에 없는 단계다.

자아의식을 강력하게 세우지 못하고 '친밀감 vs 고립' 단계로 넘어가면 재앙이 일어난다. 조니 리의 옛 노래 '사랑을 찾아서 Looking for Love'가 생각난다. "나는 엉뚱한 곳에서 사랑을 찾았네. 너무 많은 얼굴에서 사랑을 찾았네." '정체성 vs 역할 혼란' 갈등을 해결하지 못하고 초기 성인기로 넘어가면 강력한 정체성을 확보하고 청소년기를 벗어난 사람보다 더 혼란스러워하거나 고립감을 느끼고 우울해 할 확률이 높다.

적당한 일탈의 필요성

부모와 동떨어져 정체성을 개발하려면 점점 더 많은 위험을 감수해야 한다. 부모로서 이런 말을 들으면 얼마나 겁이 나는지 나도 잘 알지만, 꼭 필요한 이야기다.

여기서 잠깐, 자녀가 언제까지나 부모에게서 독립하지 않기를 원하는 사람?

아무도 없다고? 당연하다.

아이의 출발을 만드는 사람은 부모지만 부모는 아이의 미래를 만드는 사람은 아니다. 자녀의 미래는 또래가 움직이는 세상을 아이 스스로 얼마나 성공적으로 헤쳐 나갈 수 있는가에 달렸다. 사회가 어떻게 굴러가고 자신은 어디에 적응할 것인가를 알아내는 것이야말로 성공의 핵심 열쇠다.

아이가 빈방에 들어가 문을 닫았다가 몇 년 후 빛나는 새 정체성과 함께 등장할 수만 있다면 얼마나 좋을까! 그러나 자신이 누구인지 알아내는 것은 커다란 사회적 과제다. 구체적인 생각에서 추상적인 생각으로 넘어갈 줄 아는 것도 필요한데, 이는 절대로 쉬운 기술이 아니다. 추상적인 사고는 어떤 가설을 시험하기 위해 수많은 추측을 하는 것이다. 중학생 자녀의 두뇌는 사회가 어떻게 굴러가는지 백만 번 이상 추측하고 그 추측들에 대해 사람들이 각자 어떻게 반응하는지 지켜보느라 초과근무 중이다. 새로운 패션, 헤어스타일, 언어, 친구, 과감한 행동, 만용 등 이것저것 시도해보고 좋든 나쁘든 이런 변화에 대한 모든 반응을 성공이나 실패의 지표로 받아들이면서 정체성을 구축하고 있다.

아이가 자신이 누구이고 '부모의 세계'를 벗어나 어느 곳에 적응해야 하는지 알아내는 것은 엄청나게 어려운 작업이다. 부모라는 안전한 피난처를 벗어나 스스로 독립하려면 약간의 시행착오와 수많은 실수와 조금의 반항이 필요하다.

자녀의 정체성 형성을 도와줄 방법

두 중학생 자녀를 키운 부모로서 나 역시 자녀가 친구들에게 많은 영향을 받고, 더 넓은 생활 반경을 지니게 되면서 가족의 행복에도 영향을 미치는 것을 보고 좌절할 때가 많다는 것을 잘 안다. 그러나 고맙게도 중학생 자녀가 어린아이에서 어른으로 넘어가는 바위투성이 길 위에서 부모의 도움을 통해 무기력감을 줄일 수 있는 간단한 방법이 많다. 내가 좋아하는 몇 가지 방법을 소개한다.

첫째, 아이가 위험을 감수하게 해라. 짜릿하고, 과감하고, 두렵고, 잘 모르는 것들도 도전할 수 있도록 허락해라. 허락하는 분위기를 만들어라. 도전 정신을 긍정적으로 발휘할 수 있는 환경을 만들어줄수록 건강하지 못한 활동으로 청소년기의 과감함이 발산할 가능성이 줄어든다. 예컨대 다음과 같은 활동들을 격려해줘라.

- 연극이나 광고의 오디션을 본다.
- 학생 수준에서 할 수 있는 사업을 시작한다.
- 클라이밍, 급류 래프팅 등 새로운 스포츠에 도전한다.
- 아르바이트를 한다.
- 학생회 임원에 출마한다.
- 동아리에 가입하거나 새로 창설한다.
- 어떤 종류든 대회에 참가한다.
- 스카우트에 가입한다.
- 블로그를 시작한다.

- 어린아이의 멘토가 된다.
- 동물보호소에서 자원봉사를 한다.

물론 반항도 개성을 찾는 과정에서 중요한 단계지만, 그렇다고 자녀가 학교 후문에서 담배를 피우는 것을 목격했을 때 갈채를 보내라는 뜻은 아니다. 자녀의 실수에 어떻게 반응하는지에 따라 아이가 성공적으로 성장할 것인지, 아니면 더욱 어긋날 것인지 결정된다.

둘째, 공감을 표현해라. 아이가 반항을 하든, 아니면 거북한 상황에 놓였든 자녀가 실수하면 우선 공감부터 표현해라. 어려웠겠구나, 힘들었겠구나, 당혹스러웠겠구나, 라는 말부터 하고 "네가 저지른 실수를 어떻게 만회할 수 있을까?"라고 말해라. 우리가 실수했을 때 배우자나 친구에게 기대하는 방식으로 반응해라. 그렇다. 우리는 어른이고 부모이므로 훈육에 들어가기 전에 공감부터 하는 모범을 보여야 한다.

셋째, 감정적으로 훈육하지 마라. 아무리 엄마, 아빠라도 자식 걱정에 밤에 베개에 얼굴을 묻고 울음을 터뜨릴 수도 있다. 그러나 아이 앞에서 눈물을 흘리거나 절망감을 표한다면 오해받기 쉽다. 감정에 치우치지 말고 단호하고 직접적으로 결과를 말해줘라. 시간이 필요하다면 이렇게 말해라. "어떻게 반응해야 할지 생각할 시간이 필요해. 저녁 먹고 이따가 밤에 다시 이야기해보자."

중학생 자녀의 태도 때문에 좌절감이나 배신감을 느끼게 되면 이렇게 생각해봐라. 아이는 또래 세계에서 새로운 정체성을 찾기 위해 반항이나 과장을 하지 않고 부모의 지붕 아래에서 완벽하게 편안하게 머물러 있을 수 있다. 앞으로 40년간 쭉!

넷째, 사회적인 보상으로 동기를 유발해라. 어른들은 흔히 아이들이 생각이 없어서 위험한 일에 뛰어든다고 생각한다. 그러나 중학생들도 자신들이 뛰어드는 모험에 위험이 도사리고 있단 걸 잘 알고 있다. 그렇다면 대체 왜 그토록 '미친 짓'을 벌이는 걸까?

2007년 템플대학교의 로렌스 스타인버그가 연구한 결과에 의하면 10대들은 법석대는 술잔치를 벌이고 벼랑에서 뛰어내리거나 낯선 사람과 채팅하면 어떤 일이 벌어질지 분명히 이해하고 있었다. 실제로 이들은 어른들만큼이나 정확하게 위험을 판단할 수 있다. 그렇다면 도대체 왜 10대들은 위험한 행동을 하는 걸까?

○●● 10대에는 위험이 주는 보상을 과대평가한다. 특히 자신의 사회적 입지를 높여주는 것 같은 보상일 경우 그렇다.

어른들은 '나는 자신이나 다른 사람을 다치게 하는 음주운전을 하지 않을 거야'라고 말한다. 한편 청소년은 '내가 다치거나 누군가를 다치게 할 수 있기 때문에 술을 먹거나 오토바이를 몰지 않을 거야. 하지만 친구들이 나를 근사하게 생각해준다면 한번 모험을 걸어볼 만한 가치가 있겠지'라고 생각한다. 이는 구체적인 판단이라기보다는 어떤 '감정'에 더 가깝다. 사회적으로 인정 받는 것은 문제를 발생하거나 내가 다칠 수도 있다는 두려움을 이긴다.

자녀가 위험한 행동을 하도록 만드는 동기가 무엇인지 알면 자녀교육에 큰 도움이 된다. 이 동기 요인을 부모 쪽에서 유용하게 이용할 수 있다. 뭔가 치사하게 들릴지도 모르겠지만 중학생 시절은 '사회적 보상'을 자녀교육에 이용하기 굉장히 좋은 때다. 대부분의 아이들이 사회적 보상을 가장 중시하기 때문이다. 여기서 말하는 사회적 보상은 자녀의 학교생활, 교우관계와 관련 있다. 아이가 다가오는 시험에서 좋은 성적을 내길 바라는가? 당근을 걸어라. 평균 90점 이상을 받으면 친구 집에서 자고 올 수 있게 해주겠다고 말하는 게 70점 이하를 받으면 외출금지라고 위협하는 것보다 훨씬 더 효과적이다. 두 가지 모두 조건으로 걸 수도 있지만, 사회적 보상은 꼭 포함해야 한다.

훨씬 더 효과적인 방법을 원한다면 단도직입적으로 아이에게 사회적 보상을 물어봐라. 친구들과 쇼핑하기, 친구 집에서 자고 오기, 친구들끼리 콘서트장 가기 등 아이가 직접 보상을 고르면 목적을 달성하고 싶은 동기가 훨씬 커질 것이다.

친구관계를 중시하는 사교적인 아이에게서 사교적인 출구를 막으면 동기를 전혀 유발할 수 없다는 것을 알 것이다. 휴대전화를 빼앗고 컴퓨터 사용 시간을 제한하고 동아리 행사에 가지 못하게 막아도, 아이는 어떻게든 친구들과 어울릴 방법을 찾아낼 것이다. 사회적 접촉에 굶주리면 결국 수업시간에 더 떠든다거나 부모 몰래 SNS를 할 것이다.

내 친구 레이첼에게는 앨리슨이라는 아주 외향적인 딸이 한 명 있다. 앨리슨은 누구나 호감을 가질 정도로 매력적인 아이다. 단지 얼굴이 예쁘다는 말이 아니다. 누구나 그 애에게 끌리고 함께 있기를 원한다. 의리 있는 좋은 친구이고 교회 청소년 동아리와 스포츠 팀에서 매우 적극적으로 활동한다. 한 마디로 다른 사람들과 어울리는 것을 무척 좋아한다! 그런데 이게 때로는 문제를 일으킨다. 앨리슨은 수업시간에 잡담을 너무 많이 한다고 혼나는 일이 잦다. 학급 전체를 위해 수업 분위기를 통제해야 하는 선생님들에게는 골치 아픈 문제다.

선생님은 수업시간에 앨리슨을 통제하기 위해 어떤 선택을 할까? 앨리슨을 교실 뒤쪽에 혼자 앉힐 수 있을 것이다. 다른 아이들과 책상을 떨어뜨린 상태로 말이다. 그러면 떠들 수가 없으니까. 그러나 그런 방식으로는 앨리슨을 막을 수 없다. 몰래 문자메시지를 보내거나 쪽지를 돌리거나 신호를 사용해 다른 아이들과 의사소통을 시도할 것이다. 앨리슨이 큰 소리를 내면 벌을 주겠다고 위협할 수도 있다. 실제로 앨리슨의 선생님은 비슷한 시도를 해본 적이 있다. 그래도 앨리슨은 떠들었고 결국 점심시간에 가장 친한 친구 옆에 앉아서도 말을 하면 안 된다는 벌을 받았다. 그러나 둘은 몰래 속삭이며 점심을 먹었다. 오히려 앨리슨은 스릴있고 재밌었을 것이다.

다른 선택안은 '사회적 보상'을 주는 것이다. 선생님은 이렇게 말할 수 있을 것이다. "이번 교시에 손을 들고 말하고 친구들과 잡담하지 않으면 다음 조별 과제는 네가 원하는 친구와 함께할 수 있게 해줄게. 그렇지 않으면 혼자 숙제를 해야 해." 벌은 앨리슨을 막지 못했지만, 이 사회적 보상은 앨리슨에게 동기를 부여했고 덕분에 수업시간에 더 집중하게 될 것이다. 물론 벌이 필요할 때도 있다. 아이들은 자기가 한 행동에는 책임이 따른다는 걸 배워야 한다. 그러나 만약 목적이 동기 부여라면 벌보다는 보상이 훨씬 효과적이다.

내향적이고 조용한 아이에게도 사회적인 보상이 효과적으로 동기를 부여할 수 있을까? 때로는 가능할 것이다. 그러나 아이마다 바라는 사회적 보상의 정도는 다르다. 세 친구가 한 집에 모여 놀고 자는 게 어떤 아이에게는 신나는 파티처럼 느껴지겠지만 어떤 아이에게는 부담스러울 수도 있다. 사회적 보상은 다양하다. 커다란 집단활동일 수도 있고, 친구와 일대일로 보내는 시간일 수도 있으며, 멀리 사는 사촌들과 노는 것일 수도 있다. 어쩌면 외출용 브랜드 옷을 한 벌 사주는 정도로 만족하는 아이도 있을 것이다. 내향적인 아이도 사회적 보상으로 동기를 유발할 수 있다. 만약 내 아이에게 사회적 보상이 효과적이지 않을 거라고 확신한다면 아이가 좋아할 게 뭔지 잠시 지켜보고 그것을 장려책으로 이용해라.

중학교는 여러 면에서 도전이 필요하다. 아이뿐 아니라 부모에게도 중학교는 새로운 도전이다. 부모는 아이가 자란 만큼 새로운 사고방식과 새로운 양육법, 심지어 부모로서 자신을 바라보는 새로운 방식까지 정복해야 한다. 용기를 내자!

자녀와의 소통을 도와주는 '보톡스 대화법'

자녀교육계에서 신화 같은 명언이 있다. 흔히 소설가 마크 트웨인이 한 말이라고 알려졌지만 사실 그가 한 말은 아니고 누가 했는지 아무도 모르는 말이다. 그럼에도 10대 시절 계속해서 변해가는 부모와 자식의 관계를 정의하는 멋진 말이다.

"내가 열네 살 소년이었을 때 아버지는 너무 무식해서 나는 노인네 옆에 서 있기도 민망했다. 그러나 내가 스물한 살이 되자 그가 7년 사이에 너무 많은 것을 배운 것을 보고 깜짝 놀랐다."

10대 초반 자녀를 둔 부모들에게 가장 자주 듣는 불평은 자녀와의 친밀한 관계가 그립다는 말이다. 자녀의 세계를 자세히 알고 싶지만, 대화 시도가 막힐 때면 좌절감이 몰려오고 때로는 가슴이 찢어질 듯 아프기도 하다. 가끔은 아이들이 익숙한 시트콤의 단 한 회에 특별출연하는 초대손님처럼 느껴진다. 나는 너에게 무슨 일이 벌어질지 선명하게 보이는데… 네가 어떤 문제를 겪든 말끔하게 해결해줄 최고의 조언을 들려줄 준비가 되어 있는데… 아이들은 부모 말을 들을 생각도 하지 않는다.

다행인 점은 일단 중학생 정도의 나이라면, 부모 쪽에서 마인드를 바꾸고 대화 방법만 바꾸면 자녀와의 대화가 아예 불가능하진 않다는 것이다. 자녀가 어린이던 시절에는 부모 쪽에서 자녀에게 정보를 제공한다. 부모가 자녀에게 말을 가르치고 구체적인 사고방식을 주입한다. 그리고 자녀의 세계를 분류하고 아이는 자신의 세계에 대해 부모에게 전달했다. 초등학교 시기에는 더욱 복잡한 대화가 가능해진다. 부모와 자녀, 양쪽이 정보를 공유하고 흡수할 수 있는 쌍방향 의사소통이 이뤄진다. 그런데 중학생이 되면서 대화가 틀어지기 시작한다. 아이가 대화를 완전히 중단하거나 때로는 부모가 먼저 멈추기를 바랄 정도로 일방적이 된다.

그러나 아이의 변화하는 두뇌를 이해하고 다시 한 번 만족스럽게 대화할 수 있도록 대화 기술을 진화시킬 효과적이고도 쉬운 방법이 한 가지 있다. 내가 '보톡스 대화법'이라고 부르는 방법이다.

걱정하지 마라. 중학생 자녀와의 관계를 개선하기 위해 이마에 주삿바늘을 꽂으라는 말이 아니다. 혹시 특별한 이유가 있어서 성형을 하고 싶다면 말리지는 않겠다. 아무튼 내가 말하는 '보톡스 대화법'은 자녀와의 의사소통을 훨씬 수월하게 만드는 방법을 가리키는 상징적인 표현일 뿐이다.

보톡스 의사소통 방법은 다음과 같은 연구에 근거한다. 아이는 사실 그렇지 않을 때에도 부모가 화를 낸다고 생각한다. 하버드의대 계열인 맥린병원의 신경심리학 및 인지 뇌영상과 전 과장 데보라 유글런-토드 박사는 청소년들이 표정을 어떻게 읽는가에 관해 획기적인 연구를 수행했다.

○○●● 청소년들은 표정을 읽는 데 몹시 서투르다. 그들은 상대가 화가 나지 않았을 때에도 화가 났다고 생각한다. 그러므로 중학생 자녀와 대화할 때는 반드시 '중립적인 표정'을 유지해야 한다.

유글런-토드는 성인과 10대 청소년에게 독특한 감정을 나타내는 얼굴 사진들을 보여주었다. 그리고 표정을 읽고 어떤 감정인지 추론할 때 두뇌의 어떤 부분을 사용하는지 MRI 스캔을 통해 확인해보았다. 연구 결과 성인은 사람의 표정을 해독하고 그 표정이 어떤 감정을 나타내는지 정확히 추측하기 위해 전두엽을—또 만났네요!—사용했다. 그러나 10대 청소년은 사람의 감정을 해독하기 위해 아직 형성 중인 전두엽을 사용하지 않았다. 대신 두뇌 안에서 감정에 대한 막중한 책임을 지고 있고—또 만났네요!—정보 수집의 책임자는 아닌 대뇌변연계에 의존했다. 10대들이 표정을 읽을 때 가장 두드러지는 특징은 무엇일까? 바로 '화'다. 성인은 화난 사람과 두려워하는 사람, 충격 받은 사람의 표정을 구별했지만 10대 청소년은 대부분 그 사람이 화가 났다고 추측했다.

이 연구를 통해 우리는 무엇을 배울 수 있을까? 아이가 사람의 표정을 정확히 해독하지 못한다는 사실을 알았다면 이제 중학생 자녀와 대화할 때 표정을 바꾸어야 한다. 아이가 부모를 찾아와 학교에서 난감한 일이 있었다는 이야기를 털어놓았다고 해보자. 부모는 걱정, 동정, 혹은 충격의 표정을 지을 것이다. 이때 부모의 표정이 완전히 중립적이지 않으면 아이는 부모가 화를 낸다고 해석할 것이다. 아이는 부모가 불같이 화를 낼까 봐 두려워서 앞으로는 개인적인 이야기를 털어놓지 않게 될 것이다. 별로 득이 될 게 없는 상황이다.

아이가 표정을 제대로 읽지 못하다 보니 집안에서의 대화가 거북해질 수 있다. 예를 들어 다음과 같은 대화가 일어날 수 있다.

자녀: 오늘 에반이 나한테 욕했어요.

부모: (충격적이고 걱정스러운 표정으로.)뭐?

자녀: 맙소사! 제 잘못도 아닌데 저한테 화를 낼 필요는 없잖아요!

부모는 단지 이마를 찌푸렸을 뿐인데 아이는 부모가 화가 났다고 생각하는 위험에 빠진다. 이게 왜 위험일까? 아이는 부모가 화가 났다고 생각하자마자 입을 꾹 다물 것이고 부모는 더는 아이를 도와줄 수 없게 된다. 10대 아이들은 '판단 당한다'는 감정에 매우 민감해 부모가 실망했거나 화가 났다고 생각하자마자 마음의 문을 굳게 닫아버린다.

그러므로 아이가 부모를 찾아오면 완전히 중립적인 표정을 지어야 한다. 이게 내가 말하는 '보톡스 대화법'이다. 이마를 찌푸리지 말고 눈을 크게 치뜨지도 말고 어떠한 표정도 짓지 말라는 말이다.

내가 느끼는 감정은 각기 다르지만, 아이들은 어떤 표정을 짓든 모두 내가 화가 나 있다고 생각한다. 내가 중립적으로 보일수록 아이들은 마음의 문을 더 연다. 이상하게 들릴 것이다. 그러나 정말로 효과가 있다. 중학생 자녀와 학교생활 문제로 대화를 나눌 때 이 '보톡스 대화법'을 활용하면 대화가 훨씬 더 즐겁고 생산적이 될 것이다.

부모의 감정을 말로 표현해라

첫 번째 단계는 아이와 의사소통할 때 중립적인 표정을 유지하는 것이다. 두 번째 단계는 감정을 얼굴로 드러내지 말고 말로 하라는 것이다. 나쁜 소식을 들어도 절대 동요하지 말라는 말이 아니다. 대화의 문이 열리자마자 아이가 부모의 감정을 오해할 위험에 빠지지 말라는 말이다. 좀 전의 상황에서 '보톡스 대화법'이 어떻게 효과를 발휘하는지 살펴보자.

아이: 오늘 에반이 나한테 욕했어요.

당신: (중립적인 표정으로) 이런, 정말 안됐구나. 충격을 받았겠네. 괜찮니?

아이: 예. 걘 그냥 바보니까요.

당신: 그래서 넌 뭐라고 했어?

아이: 아무 말도 안 했어요. 그땐 정말 놀랐거든요. 하지만 맥닐리 선생님이 듣고 혼을 내셨어요.

위와 같은 대화가 이뤄지면 부모는 이어지는 대화를 통해 자녀에 관한 보다 많은 정보를 얻을 수 있다. 중립적인 표정과 더불어 가능하면 말투도 중립을 지켜라. 어쩌면 예쁘장한 외모 밑에 숨은 로봇 같은 기분이 들 것이다. 특히 나처럼 말할 때 표정이 풍부한 사람이라면 많이 어색할 것이다. 나는 평소 눈을 크게 치뜨고 양손을 많이 휘두르며 말하는 편인데 아이들과 아이들의 삶에서 일어난 일에 대해 말할 때는 이 모든 표현을 최대한 자제한다. 아이들은 자신이 판단 당한다는 느낌만 들지 않았을 때 훨씬 더 편안하게 정보를 공유한다.

자녀의 행동, 어디까지 판단하고 제약하나

10대 자녀와 의사소통할 때 중립적인 표정을 지으라고 말했지만, 그렇다고 해서 자녀의 도덕성이나 안전에 문제가 있는 경우에도 중립을 지키라는 말은 아니다. 일단 '보톡스 대화법'을 연습하고 아이가 부모에게 마음을 열기 시작하면 곧 즐거운 일, 지루한 일, 제멋대로인 일, 기분 나쁜 일 등 온갖 다양한 이야기를 듣게 될 것이다. 만약 불쾌한 이야기를 들었을 때는 어떻게 할 것인가?

어떤 부모가 이런 말을 했다. "그러나 저는 부모예요. 아이들의 행동을 판단하는 게 제가 할 일 아닌가요?" 오, 이런. 일부 부모들이 '판단'과 '훈육'을 혼동하고 있다. 이 두 가지를 자세히 살펴보기로 하자. 중학교 2학년 국어 시험 문제처럼 들리겠지만, 옥스퍼드 영어 사전에서 '판단하다'를 찾아보면 '도덕적으로 우월하게 여겨지는 위치에서 사람을 비판하거나 비난하다'라고 적혀 있다. 판단은 스스로 좋게 생각하거나 상대방이 자신을 나쁘게 생각하게 하는 게 목적이다. 잠깐 학창시절 가장 좋아했던 선생님을 떠올려보자. 왜 그 선생님을 좋아하게 되었는가? 자기가 열등하다고 느껴지게 만드는 상황에서는 배우기가 어렵다.

반면 훈육은 옥스퍼드 영어사전에 '규칙위반을 수정하기 위해 벌을 사용해 규칙이나 행동규약을 따르도록 가르친다'고 되어 있다. 훈육의 목적은 더 나은 행동을 낳는 것이다. 훈육이라는 말은 '배우는 사람'이라는 뜻의 라틴어 'discipulus'에서 왔고 'discere'는 '배우다'라는 뜻이다. 부모는 아이들이 우리 보살핌을 벗어나도 성공할 수 있을 정도로 가르치는 게 목적이 되어야 한다.

양육 및 인간관계 교육자인 랍비 쉬물리 보테크는 이렇게 말했다. "양육은 두 손으로 한다. 오른손은 조건 없는 사랑이고 왼손은 조건 없는 사랑 가운데에 경계를 세운다. 사랑과 훈육, 이것이 부모의 역할이다." 여기에 판단의 자리는 없다. 판단은 선의의 목을 조를 뿐이다.

'보톡스 대화법'과 아이의 언행을 판단하지 않는 반응을 실천했는데도 불구하고 아이가 뒷목을 잡게 하는 상황을 털어놓는다면 어떻게 할 것인가?

1. 심호흡을 해라. 너무 흔하게 하는 조언이지만 의외로 잘 실천하지 않는다.

2. 시간을 조금 벌어라. 당장 반응할 필요는 없다. 이렇게 말해보자. "이 문제는 엄마가 생각할 시간이 필요해. 오늘 저녁에 다시 이야 기할까?" 그리고 물러나라.

3. 부모로서 가장 원하는 결과를 생각해라. 이 문제를 통해 아이를 가르칠 필요가 있는가? 그러면 가르치기에 가장 좋은 방법을 되짚 어 생각해봐라.

○●● 혹시라도 아이의 말에 뭐라고 답해야 할지 모르겠다면 일단 침 묵해라.

말하지 않는 아이와 대화의 물꼬를 트는 법

'보톡스 대화법'을 포함해 모든 방법을 시도해봤는데도 아이가 여전히 마음을 열지 않을 때가 있다. 자녀교육에 관한 책과 블로그 를 찾아 읽고, 수천 가지 다른 방식으로 질문을 던졌다. 대화의 물꼬 를 트려고 외식을 하러 가자, 쇼핑하러 가자 제안하기도 했다. 책에 나온 모든 방법을 시도해봤지만 아이는 여전히 학교에서 무슨 일이 있었는지 말하지 않는다. 강압적으로 화를 내지 않고서는 아이의 입 을 열게 할 방법이 도무지 떠오르지 않는다.

부모들과 이야기를 나눌 때마다 청중 가운데 적어도 한 사람은 이런 고민을 털어놓는다. 아마 수십 명 넘는 부모들의 고민을 한 사람이 대변하고 있는 것이리라. 부모는 진심으로 아이를 돕고 싶은데 아이가 협조하지 않을 때가 많다는 점이 중학생 자녀를 둔 부모가 느끼는 가장 큰 절망이다.

부모들이 입을 꾹 다문 아이와 대화를 나눌 방법이 있냐고 물어볼 때마다 나는 이렇게 대답한다.

"없습니다."

아이에게 음식을 억지로 먹일 수 없듯이 억지로 말을 시킬 수도 없다. 부모가 꾹 참으면 언젠가는 입을 열지 모른다. 어쩌면 끝내 입을 열지 않을 수도 있다. 이건 부모가 통제할 수 없는 자녀 인생의 여러 면모 중 하나에 불과하다. 그러나 이 와중에도 한 번 고려해볼 만한 사실이 있다.

이 시기 아이가 입을 다무는 건 사람의 발달 단계상 굉장히 정상이다. 사춘기를 겪는 자녀와의 의사소통에 관한 몇 가지 사실을 살펴보자.

- 자녀가 개인적인 이야기를 점점 하지 않아도 괜찮다. 자녀가 학교 생활에 대해 말하고 싶어 하지 않더라도 부모의 잘못이라 책망하지 마라.
- 억지로 말하라고 강요하지 마라. 행여 아이 입에서 어떤 말을 끄집어내더라도 억지로 받아낸 말이 솔직하고 의미 있을 거라는 보장

은 없다. 지나치게 애쓰지 마라.

• 절대로 제 심정을 토로하지 않는 아이들이 있다. 이는 부모와 아무 상관이 없다. 부모의 문제로 받아들이지 마라.

자녀의 침묵에 대비해 부모가 할 수 있는 건 자녀에게 '안전망'을 만들어 주는 것이다. 나는 아이들이 초등학교 저학년이었을 때 아이들에게 어른이 필요한 경우 가장 먼저 찾아갈 내 친구가 누구인지 알려주었다. "엄마한테 물어보기 불편한 질문이 생기거나 아니면 길을 잃어버려서 누가 데리러 와야 할 상황이 생기면, 혹은 두려움이 느껴질 때는 ○○ 이모에게 이야기하면 돼." 아이들에게 처음으로 휴대전화가 생겼을 때에도 이 사람들의 전화번호를 가장 먼저 입력시켰다.

자녀에게 안전망이 있다는 사실을 알려줘라. 또 부모도 안전망의 일부가 되어라. 이웃과 교류가 적은 요즘 같은 사회에서는 이런 모습이 드물어졌고 자연스럽지 않을 수도 있다. 어떤 사람들은 괜한 참견으로 비칠까봐 걱정한다. 가장 친한 친구들과 중학생 자녀의 안전망이 되어 주는 것에 대해 논의해보자. 아무리 멋지고 근사한 부모라도 아이는 친구들과의 모임에서 술과 담배가 있거나, 문제가 생겼을 때 부모에게 데리러 와달라고 전화하지 않는다. 그러나 부모의 친구에게는 전화할 수 있다. 특히 평소 그런 상황에 언제든지 연락하라고 말해준 친구라면 말이다.

중학생인 내 딸은 가끔 내 친구와 좋아하는 남학생에 대해 문자를 주고받는다. 또 내 딸과 함께 쇼핑도 가고 수다도 떠는 다른 친구도 있다. 나는 쇼핑을 아주 싫어하기 때문에 나로선 일거양득이다. 또 딸아이의 숙모는 대형 할인마트에 딸을 데려가고 함께 리얼리티 프로그램에 대해 이야기를 나눈다. 딸이 내게 말을 하지 않을 때에도 우리와 함께 할 강력한 여자들끼리의 공동체가 존재한다.

그리고 자녀와의 의사소통 통로를 열어놓는 또 다른 좋은 방법들이 있다.

하나, 자녀에게 조언을 구해 아이의 장점을 발휘하게 해라. 특히 10대 초반 남자아이들은 문제를 해결하는 걸 좋아한다. 자녀에게 고민거리를 말하고 도움을 요청하면 아이도 비슷한 상황에서 똑같이 부모에게 도움을 청할 것이다. 부모의 사생활을 과도하게 드러내라는 말이 아니다. 예를 들어 부부싸움에 관해서는 말하지 마라. 그러나 이런 말은 할 수 있다. "오늘 회의 시간에 어떤 사람이 내 말을 뚝 자르고 들어오더니 내 생각을 완전히 무시하지 뭐니? 너 같으면 어떻게 했을 것 같아?"

둘, 아이에게 불쑥 화제를 꺼내지 말고 나중에 말하자고 해라. "저녁 먹고 10분만 시간을 내줄 수 있을까? 엄마는 무슨 일이 있었는지 알고 싶고 그 문제에 관한 네 의견도 듣고 싶어." 아이가 하는 일을 중단시키고 당장 옆에 앉아 이야기하자고 하면 아이들은 기습을 당했다고 생각한다. 조금 더 원만한 대화를 위해 아이가 생각을 정리할 시간을 줘라.

셋, 즉각적인 피드백을 바라지 마라. 부모가 아이에게 본보기 삼아 고민거리를 말했다고 하더라도 당장 아이가 똑같이 행동할 거라고 기대하면 안 된다. 선물을 주면서 곧바로 "넌 날 위해 무엇을 준비했니?"라고 물어볼 수는 없는 법이다. 마찬가지로 아들과 개인적인 이야기를 나누고 곧바로 "좋아, 이제 너도 뭔가를 말해줘"라고 말하는 건 전혀 효과적이지 않다. 시간이 지나면 아이도 부모에게 선물을 줄 것이다.

넷, 재미있거나 의미 있는 대화를 나누려면 소셜미디어를 활용해라. 재미있어 보이는 사진이나 게시물에 대해 자녀에게 질문을 던져보자. "오늘 네가 인스타그램에 올린 가수 사진을 봤어. 가을에 우리 동네에 공연하러 온다며?"

아이가 선택한 소셜미디어나 플랫폼에 대해 이야기를 나눠보자. 아이가 문을 드나들 때마다 잔소리를 퍼붓지 말고 아이가 알고 싶어 하는 것, 기억하고 싶어 하는 것에 대해 먼저 메시지를 보내봐라. 아이가 모든 이들과 의사소통하는 방식이 바로 스마트폰일 것이다.

다섯, 편안한 상황에서 대화를 나눠라. 자리에 마주앉아 서로 시선을 마주치고 대화를 나누자고 하면 아이들은 완전히 입을 다물 것이다. 산책을 하거나, 자전거를 타거나, 채소를 썰거나, 휴대전화 게임을 하거나, 아이와 함께 세탁물을 꺼내면서 자연스럽게 대화를 시작해라.

여섯, 당근 요법을 써라. 아이가 허락하지 않은 영화를 보겠다고, 혹은 책을 읽겠다고, 게임을 하겠다고 조르는가? 상황에 따라 허락해라. 예컨대 이렇게 말할 수 있다. "난 그 영화 여자 주인공이

나쁘게 그려지는 게 싫어서 내키지가 않아. 영화를 보고 나서 엄마랑 이야기하겠다고 약속하면 보여줄게." 솔직히 일종의 뇌물이지만 그런들 어떠랴? 아이와 함께 가치관이나 우리 사회에서 일어나는 더 큰 문제에 대해 이야기할 기회를 만들어 준다면 제대로 사용한 뇌물이다. 또 중대한 문제를 논의할 때 부모가 절대로 감정적으로 반응하지 않는다는 것을 보여줄 기회이기도 하다. 그러면 부모는 자녀로부터 조금 더 신뢰를 얻게 될 것이다.

일곱, 아이의 친구들과 함께 대화하는 자리를 만들어라. 딸은 부모와의 대화를 꺼릴지라도 딸의 친구들은 그렇지 않을지도 모른다. 의외로 아이들은 자기 부모와는 이야기하지 않으려 해도 친구 부모에게는 활짝 열려 있다! 아이 친구들을 저녁에 초대하거나 여행에 데려가거나 차를 태워줘라. 새로운 이야기를 엿듣게 될 뿐만 아니라 아이 친구들과 친해질 수 있다. 덧붙여 딸에게 남자친구가 있다는 것을 살짝 흘린 친구에게 과잉반응하지 않는 모습을 보여주면 나중에 딸과 대화를 나눌 때 훨씬 더 큰 신뢰를 얻을 것이다.

여덟, 취침시간을 이용해라. 10대 초반 자녀를 자리에 눕히고 이불을 여며주며 일대일로 대화하는 시간은 여전히 자녀의 어린시절처럼 마법 같은 효과를 발휘할 것이다. 아이들은 이러한 대화 시간에 특히 수용적인 자세로 변한다. 자란다고 제 시간에 자지도 않겠지만, 아무튼 공식적인 취침시간을 넘겨 대화를 나누면 규칙을 어기는 것 같은 기분을 느낀 아이가 마음의 문을 열 가능성이 커진다. 취침시간에 대화를 나누거나, 일요일에 자전거를 타거나, 토요일 아침은 함께 스타벅스에 가는 등 부모와 자녀가 함께하는 정기적인 일정을 만들어도 도움이 된다.

그래도 아이가 여전히 입을 꾹 다물고 있는가? 혹시 아이가 우울증의 징후를 보인다면 의사와 상담해야 한다. 그러나 그런 게 아니거나, 아이가 정말 심각한 상황에 놓인 기미가 아니라면 아이가 알아서 말을 하길 기다려라. 아이들은 때로 부모가 깊이 연관되어 있거나 어떤 문제를 집요하게 논의하거나 가족끼리의 대화를 이끄는 것에 커다란 부담감을 느끼고 입을 다물어 버린다.

○●● 부모가 자신의 행복을 자녀에게 너무 의존하고 있다는 걸 아이가 감지하면 아이가 대화에 부담을 느낄 수 있다.

그리고 잠시 생각해보자. 자녀와 관련 없는 나만의 취미나 관심사, 즐거움이 있는가? 이번 달 '나를 위한 선물' 목록이 없으면 하나 만들어라. 아이도 부모가 자기와 떨어진 부모가 아닌 개인으로서의 삶을 즐기는 모습을 보면 자식으로서의 부담감을 내려놓고 부모에게 마음의 문을 더 열기 시작할 것이다.

때로 10대 초반 자녀에게는 신경을 쓰지 않는 척할 필요가 있다. 어떤 아이도, 특히 중학생은 자신의 결정이나 경험이 곧바로 부모의 행복과 직결되는 것을 바라지 않는다. 일거수일투족을 판단 당할 걱정 없이 말할 수 있는 공간이 마련된다면 중학생 자녀가 부모와의 의사소통을 피할 이유가 없다.

'보톡스 대화법'을 사용해온 어떤 부모가 이렇게 말한 적이 있다. "아이들은 꼭 고양이 같아요. 조금 무관심하게 대하면 곧바로 옆에 와 안기죠. 우리 집에서는 효과가 있어요!"

단순한 방책처럼 보이겠지만 '보톡스 대화법'은 아이가 자연스럽게 방문을 닫기 시작할 때에도 계속해서 부모와 대화를 나눌 수 있게 하는 심오한 방식이다. 아이들의 세계에서 정말로 무슨 일이 벌어지는지 계속해서 접촉을 유지하고, 아이가 비판적인 사고를 연습하고 충동조절 속도를 늦추게 도와주면서, 둘의 관계가 다음 발달단계로 넘어갈 수 있게 한다. 다음 발달단계로 넘어가면 아이는 부모를 버팀목이 아닌 공명판으로 삼아 자신의 문제를 독립적으로 해결하기 시작할 것이다.

자녀가 스스로
문제를 해결하도록 만들어라

제레미 레너가 윌리엄 제임스 중사로 나오는 영화 〈허트 로커〉를 본 적이 있는가? 제임스 중사의 임무는 혼란스러운 전쟁 상황에서 자신과 동료 병사들의 목숨을 구하기 위해 폭탄을 해체하는 것이다. 제임스 중사는 도발적이고 흥분하기 좋아하며 속도를 즐기는 유형의 남자다. 그러나 사느냐 죽느냐의 상황에서는 기꺼이 달려오는 남자가 된다. 그는 필요하면 광란의 에너지를 강렬한 집중력과 침착함으로 바꾸고, 주의를 흩트릴 수 있는 요인은 심지어 두려움까지도 차단해버린다.

아이들은 중학생이 되면 하루에도 여러 번 감정적으로 폭발한다. 그런 상황에서 부모가 어떻게 대처하느냐에 따라 아이는 폭발할 수도 있고 반대로 조용히 감정을 다스릴 수도 있다. 지금 아이의 사고와 행동을 통제하는 건 두뇌의 감정 중추라는 사실을 잊지 마라. 아이는 일시적으로 더욱 충동적이 될 수 있고 평소보다 반발할 수도 있다. 울음을 터뜨릴 수도 비명을 지를 수도 있고 강철처럼 차가워질 수도 있으며 별일도 아닌데 신경질적으로 웃음을 터뜨리거나 바닥을 구를 수도 있다.

몇 년간 부모 스스로 제임스 중사라고 생각해라. 폭발 가능성이 있는 상황이 찾아오면 사춘기라는 불길에 기름을 붓지 마라. 불꽃놀이는 한순간 즐거울지 몰라도 결국 파편으로 뒤덮일 뿐이다. 사랑스러운 작은 시한폭탄을 향해 집중력과 침착함으로 무장하고 다가가라. 그래야 상황이 필요 이상으로 크게 폭발하지 않는다.

내 친구 헤더는 자녀가 아무리 거칠게 도발해도 침착하게 대응할 줄 아는 부모다. 어느 날 헤더가 아들 드레이크와 있었던 일을 들려주었다. 얼마든지 나쁜 방향으로 폭발할 수도 있었는데 헤더는 쉽게 폭탄의 뇌관을 제거했다. 어느 봄날 아침 드레이크가 평소보다 늦은 시간까지 자기 방에서 나오지 않았다. 헤더가 아들을 향해 등교를 서두르라고 외쳤다. 그런데 아들은 아무렇지도 않게 학교에 가는 날이 아니라고 대답했다. 그날은 휴일도 아니었는데 학교에 가지 않아도 된다고 했다.

자식이 한 명만 있는 게 아니었기에 헤더는 아들의 말이 사실이 아닐 수도 있음을 알았다. 딸은 벌써 학교 갈 준비를 하고 점심 도

시락까지 싸서 가방을 꾸리고 있었다. 헤더는 흥미로운 딜레마에 빠졌다. 드레이크에게 왜 학교 수업이 취소되었는지 물어보자 아들은 '전혀 이해가 되지 않은 어리석고 상관도 없는 이유'를 계속해서 늘어놓았다.

이런 상황이 집집마다 어떻게 다르게 굴러갈 수 있는지 생각해 보자. 각자 어떤 대응법을 선택할지 생각해봐라.

> **A안**: 드레이크가 틀림없이 거짓말을 하고 있으므로 얼른 학교 갈 준비를 하라고 혼낸다.
>
> **B안**: 학교생활에 어떤 문제가 있을 수도 있으므로 포기하고 드레이크에게 오늘 하루 집에 있으라고 할 것인가?

A안을 골랐다면 다음과 같은 상황이 이어질 것이다. 이마를 잔뜩 찌푸리고 짜증스러운 말투로 드레이크에게 '네 거짓말에 속아 넘어갈 생각이 없으니 당장 5분 안에 준비를 마치지 않으면 2주 동안 모든 전자기기를 압수할 것이다'라고 말한다. 드레이크는 억압적인 상황에 처했다고 생각하며 분개한다. 어이없을 만큼 어설픈 논리와 경악할만한 고집을 피우며 입씨름을 벌인다. 15분 동안 둘은 언쟁을 벌이며 소리를 지른다. 딸은 남동생 때문에 지각이라고 징징거린다. 결국 부모는 문밖으로 나가고 드레이크는 외출금지를 당한다. 부모는 지각하고 다들 화가 났다.

B안을 골랐다면 다음과 같은 상황이 이어질 것이다. 드레이크

에게 오늘 분명히 수업이 있다고 말한다. 아이는 자신의 주장을 뒷받침하려고 점점 어설픈 증거를 대며 버틴다. 부모는 누구나 나쁜 날이 있다는 것을 알기에 아이에게 공감할 수 있다. 아이에게 오늘 하루 집에 있으라고 허락하지만 이번 한 번뿐이라고 다짐을 받는다. 드레이크는 씩 웃으며 위층으로 올라가 TV를 본다. 딸이 외친다. "그럼 나도 학교 안 가도 되겠네!" 부모는 몹시 스트레스를 받는다. 딸에게 준비가 끝났으니 어서 자동차에 타라고 말한다. 딸은 소리친다. "불공평해요!" 그리고 학교 가는 길 내내 한마디도 하지 않는다. 정시에 출근하지만, 기분은 끔찍하다.

어떤 선택도 만족스럽지 않다. 아이가 중학생이 되면 이런 상황을 훨씬 더 복잡하게 만드는 두 가지 일이 발생한다. 첫째, 아이가 추상적인 사고를 할 줄 알게 된다. 초등학생까지만 해도 아이는 구체적인 정황만 생각할 수 있는 경우가 많다. 그러나 중학생이 되면 추상적인 개념을 이해할 수 있게 된다. 이 말은 여러 가지 가정과 진실과 거짓말을 더 능숙하게 다루게 된다는 뜻이다. 말다툼이 시작되면 아이는 몹시 형편없는 변호사처럼 굴 것이다. 증거를 보고 결론을 내리는 게 아니라 결론부터 정해놓고 그 주장을 뒷받침하는 수많은 증거를 맞든지 안 맞든지 만들어내는데 급급할 것이다. 언젠가는 반대 순서로 일하는 법을 배우겠지만 지금 당장 아이가 보여주는 언쟁 기술은 표현하기 어려울 정도로 절망적일 것이다.

둘째, 아이의 신체가 어른으로 자라고 있다. 신체적으로는 아주 크기 때문에 부모는 아이에게 어떤 행동을 강요하기 어려워진다. 결국은 부모의 지시에 따를 만큼 부모를 존중하겠지만, 만약 아이가 움직이지 않겠다고 결정하면 부모가 어떻게 할 수 있는 방법은 많지 않다. 아이가 주저앉아 떼를 쓸 때 번쩍 안아 들고 자동차에 태우던 시절은 지났다. 덩치 큰 중학생 아들이 가족 모임에 참석하지 않겠다며 거부하면 어쩔 도리가 없다. 여전히 번쩍 안아 들고 자동차에 태울 정도로 아이 몸집이 아직 작다고 해도 얼마나 거북한 풍경이겠는가?

그렇다면 이제 남은 선택안은 한 가지뿐이다. A와 B는 효과가 없다는 걸 보여주고 싶었기 때문에 아직 말하지 않은 비밀이 한 가지 남았다. C안을 살펴보자.

C안은 내 친구 헤더가 선택한 방법으로 제임스 중사처럼 재빠르고 침착하게 뇌관을 제거한 방식이다. 아이의 의표를 찌르는 방법이랄까. 이제 헤더의 집에서는 어떤 식으로 C안이 진행되었는지 살펴보자.

드레이크가 학교에 가지 않아도 된다고 말했다. 헤더는 잠시 멈추고 진지하게 생각하는 것처럼 보였다. "와. 그것 참 흥미로운데?" 헤더는 침착하게 말했다. "흠."

"왜요?" 드레이크가 물었다.

"아니, 아무것도 아니야." 그녀는 중립적인 표정을 짓고 침착하게 말했다. "그냥 이럴 땐 어떤 벌이 좋을지 몰라서 말이야. 오늘 틀림없이 학교 수업이 있는데 엄마는 너랑 입씨름하기 싫거든. 이런 특별한 경우에는 어떤 벌을 줘야 할지 생각하는데 시간이 조금 걸릴 것 같아." 앞서 뭐라고 말해야 좋을지 모르겠다면 아무 말도 하지 말라고 했던 걸 기억하자.

"아!" 드레이크가 외쳤다. "이번 주말 닉과 놀지 못하게 할 거죠? 알았어요. 학교 갈게요."

"그래." 헤더가 말했다. 이걸로 끝이었다.

헤더는 사실 아들을 주말에 못 놀게 할 생각은 없었지만 아이 스스로 그런 결론에 도달하자 그냥 그렇게 생각하게 놔두었다. 물론 아들이 끝까지 집에 머무르겠다고 고집을 피울 수도 있었고 그랬다면 그녀는 어쩔 수 없이 벌을 줘야 했을 것이다. 그러나 내 친구 헤더는 이런 상황에 몹시 능숙하다! 그녀가 가장 잘한 일은 아이 스스로 결론에 도달하게 한 것이었다. 부모 입장에서 아이에게 판단을 맡기는 일이 아직은 두려운 일이겠지만 중학교 시절이 시도하기 적절한 때이다. 언젠가는 마땅히 아이가 스스로 해야 할 일이기도 하고 말이다.

아이 대신 문제를 해결하지 마라

누구나 아이가 전문적이고 창조적으로 문제를 해결하는 사람으로 자라기를 바란다. 삶의 모든 면이 그렇듯, 그러려면 연습이 필요하다. 연습도 없이 뭔가를 잘해낼 순 없다.

아이가 감정적인 고통도 겪지 않고, 부모와도 전혀 갈등 없이 중학교를 거쳐 갈 바란다면 그건 욕심이다. 완전히 불가능한 바람이고, 무엇보다 사회생활을 하다 문제가 생겼을 때 해결하는 방법을 배우려면 멍이 들더라도 벽에 부딪혀보는 것이 아이 입장에서도 좋기 때문이다. 그리고 정체성을 개발하려면 자신이 누구인지를 아는 것만큼이나 어떤 사람이 '아닌지도' 이해해야 한다.

○●● 자녀가 초등학생에서 중학생이 되었을 때 어렵지만 해야 할 가장 중요한 패러다임 변화는 더는 아이를 대신해서 문제를 해결해주면 안 된다는 점이다.

우리는 딸이 어렸을 때 항상 신발끈을 매주었고 나중에 스스로 묶는 법을 가르쳐주었다. 아들의 스테이크를 직접 잘라주었고 나중에 스스로 자르도록 시켰다. 서두르지 않고 천천히 자신을 돌보는 권한을 넘겨 주었다.

신발끈이나 스테이크 자르는 일을 알려주는 건 쉽지만, 사회적인 문제는 만만치 않다. 당장 나부터도 사회적 커뮤니케이션 기술을 체계적이고 단계적으로 배웠다곤 말하지 못할 것이다. '신발끈 묶는 법'이나 '스테이크 자르는 법'을 검색하면 쉽게 따라 할 수 있는 다양한 단계별 방법을 찾을 수 있다. 유튜브 동영상도 심심찮게 찾을 수 있다. 그러나 '딸에게 헛소문 대처하는 법 가르치기'나 '아들이 자신을 싫어하는 친구에게 대처하게 도와주는 법'을 검색하면 딱 떨어지는 방법을 찾을 수 없다.

자녀에게 문제를 해결하는 방법을 가르치는 가장 효과적인 방법은 우선 자녀가 '이건 내가 해결해야 할 문제다'라는 걸 깨닫게 하는 것이다. 부모가 달려들어 상황을 개선하고 싶은 마음이 굴뚝같을 것이다. 가장 빠른 해결책이 분명하게 보이기도 할 것이다. 그러나 이는 부모의 문제가 아니다. 또 신발끈 묶기나 스테이크 자르기처럼 간단하지도 않다. 아이가 갑자기 자해를 하는 같은 반 여학생을 걱정하거나 무례하게 성적인 말을 하는 남자애들 때문에 고민하거나 친구들 사이의 오해나 동아리를 꾸리는 문제로 고민할 수 있다. 부모 입장에선 이런 심각한 문제들을 아이 대신 직접 해결해줘야 하는 게 아닐까 걱정할 수도 있다. 그러나 자녀의 학교생활에 과도하게 개입하는 건 오히려 아이가 성장할 수 있는 기회를 빼앗는 일이 될 수 있다.

딸이 부모를 찾아와 친구들끼리 어느 집에 모여 노는 모습을 찍은 사진이 온라인에 올라온 걸 봤다며 운다. 딸은 분명히 초대받지 않았다. 게다가 친구들끼리 그날에 대해 이야기하는 걸 듣고 딸이 무슨 일이 있었느냐고 물었을 때 친구들은 그냥 농담이었고 같이 모여 놀지도 않았다고 둘러댔다. 그러나 증거 사진을 보고 딸은 몹시 속이 상했고 그 이야기를 들은 부모도 속이 상했다.

굉장히 결정적인 순간이다. 이때 부모가 자기도 모르게 아이를 방해하는 경우가 많다. 그런 상황을 몇 가지 소개한다.

아이 스스로 해결책을 찾도록 도와줘라

감정이입을 건너뛰고 곧바로 자녀의 문제해결에 개입하지 말아라. 배우자나 파트너, 친구에게 비밀을 털어놓았더니 애석해할 기회도 주지 않고 상대방이 곧장 문제해결에 뛰어들었던 적이 있는가? 누구나 자신의 고민거리가 인정받기를 원한다. 우선 짧지만 진심 어린 말로 아이의 감정에 공감부터 해라. "그런 일을 겪었다니 정말 유감이구나." "마음이 얼마나 아팠니?" 등과 같은 말을 건네라.

부모 입장에서 효과적일 것 같은 해결책을 제안하지 말아라. 아이마다 바라는 해결책은 다르다. 밤에 엄마와 나란히 앉아 매니큐어를 바르는 게 부모가 보기엔 아이가 받은 충격을 완화하는 방법 같을 수 있다. 혹은 전화기를 들고 상대방 아이의 엄마에게 한마디 해주고 싶을 수도 있다. 부모 입장에서는 이렇게 하는 게 한결 기분이 풀릴지 몰라도 이건 부모의 문제가 아니다. 아이 입장에선 부모의 이런 행동이 친구관계에 방해된다고 생각할 수 있다. 어떤 행동을 해야 기분이 나아질 것인가는 아이가 선택할 일이다.

별일 아닌 듯 무시해선 절대 안 된다. 아이가 더 나은 대우를 받을 자격이 있다는 걸 보여주거나 혹은 아이의 관심을 다른 데로 돌리려는 의도일지 몰라도 아이에게 벌어진 일이 별일 아닌 듯 무시하지 마라. 무시는 아이의 감정을 존중하지 않는 것처럼 비칠 것이고 아이는 자신이 다른 아이들보다 못하다고 생각할 것이다.

○●● 아이의 문제를 부모인 '나'의 문제가 아니라 '아이'의 문제로 진지하게 받아들여라.

아이가 놀림을 받거나 교우관계에 문제가 생기면 당장 개입해 일을 처리하거나 아이를 품에 안고 위험으로부터 숨겨주고 싶을 것이다. 그러나 기껏해야 반창고를 붙여주는 형국이 되기 쉽다. 최악은 아이가 더 '은따'가 될 수 있으며 자신의 일은 자신이 해결할 수 있다는 아이의 자신감만 훼손하게 된다.

믿을 수 없이 뻔뻔하며 못된 그 아이들로 바닥을 걸레질하고 싶은 마음이야 굴뚝같겠지만, 부모를 위해서나 아이를 위해서나 일단 침착함을 유지해라. 아이가 중학교에서 '사회적 문제'에 맞닥뜨리더라도 부모로서 중립적이고 침착한 태도를 보여주는게 다음과 같은 이점을 가져온다는 사실을 기억해라.

- 아이는 판단 당한다는 느낌 없이 부모에게 뭐든 말할 수 있으므로 부모와 자녀 사이의 의사소통 통로가 열린다.
- 아이는 자신의 일을 스스로 해결할 수 있다 믿게 되고 부모는 자녀에게 자신감과 높은 자존감을 불어넣을 수 있다.
- 자녀의 비판적 사고와 문제해결 기술을 향상시킬 수 있다.
- 아이가 자기 문제에 대해 잘못된 해결책을 제안했다고 부모를 비난하고 부모와 등을 질 일이 없다.
- 위기상황에서 침착함을 유지하는 부모의 모습을 배운다.
- '한방 해결책'이 아닌 상황에 대한 지속적인 대화를 유지한다.
- 아이가 원하는 대로 문제해결 방식과 실행방법을 정한다면 아이는 훨씬 적극적으로 자신이 처한 상황을 타개하려 한다.

○●● 중학생 자녀가 학교생활에서 문제를 겪으면 해결책을 주지 말고 해결책을 찾는 법을 가르쳐라.

이번 장에서는 아이에게 어떤 문제에나 효과를 볼 수 있는 문제해결 기술 세트를 가르쳐줄 방법을 설명할 것이다. 모든 기술이 그렇듯이 아이는 단계별 연습을 통해 점점 더 자신 있고 능숙하게 상황을 다루고 결정하게 될 것이다. 방금 부모가 더는 아이의 문제를 대신 해결해주면 안 된다는 것을 배웠으므로 무슨 말인지 쉽게 이해할 수 있을 것이다. 그러나 문제해결 과정을 알아보기 전에 우선 상황의 당사자인 아이부터 설득할 필요가 있다.

1단계, 문제가 생기기 전에 자녀에게 부모의 계획을 소개해라. 저녁 취침시간이나 자동차 안에서, 혹은 어디든 함께 이야기하기에 가장 좋은 시간과 장소에서 아이에게 이제 스스로 문제를 해결할 수 있을 만큼 컸다고 말해줘라. 그렇다고 부모의 관심이 없어졌거나 도움을 전혀 주지 않겠다는 말은 아니고 학업이든 교우관계든 문제가 생겼을 때 아이에게 더 많은 힘을 실어주겠다는 뜻이라고 설명해라. 또 문제해결에 도움이 되는 새로운 방법에 관한 책을 읽어봤는데 아이도 언젠가는 그 방법을 시도해보는 게 좋을 것 같다고 말해라.

2단계, 침착하겠다고 약속해라. 아이가 학교에서 혹은 방과 후 운동을 하다가 혹은 친구들 사이에서, 프레너미와, 적대관계에 있는 아이와 무슨 일이 있었다고 이야기하더라도 부모는 성급하게 행동하지 않고 항상 침착하겠다고 미리 약속해라.

3단계, 반드시 행동에 나설 필요는 없다고 약속해라. 아이가 부모에게 무슨 일이 있었는지 털어놓아도 반드시 어떤 행동을 해야 한다고 강요하지 않겠다고 약속해라.

4단계, 아이의 동의를 구해라. 다음에 힘든 일이 생기거든 기꺼이 부모에게 알려달라고 청해라. 아이는 자신에게 더 많은 힘을 주고 부모가 버럭 화를 내지 않겠다는 약속에 흔쾌히 동의할 수 있다. 그리고 잠시 가만히 내버려둬라. 조만간 아이가 먼저 찾아와 약속을 상기시키거나 부모가 먼저 뭔가 잘못되었음을 감지하고 아이를 상기시킬 날이 올 것이다.

때로는 가장 뜨거운 순간이 문제를 언급하기에 가장 좋은 시기가 아닐 때가 있다. 오히려 주의를 기울이는 게 자발적인 참여를 이끌어낸다. 아이가 어떤 문제로 고민한다면 당장 도와줄 것인지 아니면 우선 함께 편안한 시간을 보낼 것인지 물어봐라. 아이도 브레인스토밍을 하기 전 열기를 식힐 필요가 있다. 부모는 이렇게 말할 수도 있다. "네가 원한다면 9시 무렵 네 방으로 와서 유튜브를 함께 보든지 이야기를 나누든지 할게." 물론 아이가 갑자기 말이 많아지면 취침시간을 뒤로 미루는 것까지 예상해야 할 것이다. 걱정하지 말자. 가끔씩 늦잠을 자는 건 큰 문제가 아니다.

일단 아이가 스스로 문제를 해결해보겠다고 동의하면, 그리고 실제로 어떤 문제가 일어났다면, 이제 다음 단계를 실천에 옮길 때다. 아래 시나리오가 보여주는 두 가지 예를 통해 사소한 문제부터 시작해 조금 더 복잡한 감정적인 문제까지 살펴보자.

시나리오 예시1 ─────────────────────────────────

1단계 아이가 문제를 들고 부모를 찾아온다.

아들: 엄마, 오늘 애나의 컴퍼스를 망가뜨렸어요.

2단계 약간의 감정이입을 보여준다.

엄마: 이런. 정말 안됐구나. 그런 일이 일어나서 유감이야. 그래, 기분이 어땠니?

아들: 당혹스러웠어요!

3단계 아이에게 문제를 해결할 수 있는 몇 가지 방법을 떠올려보게 한다. 어떤 일이 있어도 아이의 아이디어를 판단하지 마라. 그냥 들어주고 다른 아이디어는 없는지 물어봐라.

아들: 음, 새 계산기를 사줄 수 있어요.

엄마: 그래. 또 다른 생각은?

아들: 애나가 필요할 때 제 것을 빌려줄 수 있어요.

엄마: 좋아. 또 다른 건?

아들: 애나에게 미안하다고 말하고 여별 컴퍼스가 있는지 물어볼 수 있어요.

엄마: 그래. 또 다른 생각은 없니?

이런 식으로 선택안이 모일 때까지 계속한다. 사실 가장 좋은 생각은 가장 나쁜 생각 뒤에 숨어 있기 마련이다. 브레인스토밍을 오래할수록 가장 현명한 해결책이 나온다.

4단계 아들에게 아이디어가 바닥나면 그중 가장 마음에 드는 생각 두 가지를 고르게 하고 각 방법을 시도하면 어떤 결과가 생길지 생각해보게 해라. 지루하고 장황하게 보이겠지만, 이 시기 아이들의 두뇌는 단계적으로 사고하지 않으면 해결법을 썼을 때의 결과를 정확히 평가할 수 없다.

엄마: 아이디어가 많구나. 좋아. 그중 가장 좋은 방법 두 가지를 골라보겠니?

아들: 새 컴퍼스를 사주거나 제 것을 빌려주는 거요.

엄마: 좋아. 새것을 사주면 어떻게 될까?

아들: 돈을 써야 하는데 지금 제게 돈이 없으니까⋯ 엄마가 줄 수 있어요?

엄마: 빌려주지. 그런 다음에 어떡하면 좋을까.

아들: 가게에 가서 컴퍼스를 사고 엄마 돈을 갚고 학교에서 애나에게 주려고요.

엄마: 그러면 덜 당혹스러울 것 같아?

아들: 예.

엄마: 좋아. 그럼, 네 걸 빌려주겠다고 한 방법은 어때? 그건 어떤 식으로 하는
   거지?

아들: 그냥 제 걸 빌려주는 거에요.

엄마: 그런데 둘 다 동시에 컴퍼스가 필요할 때도 있겠구나?

아들: 예.

엄마: 그럴 땐 어떻게 할 거니?

아들: 모르겠어요.

엄마: 그렇게 하면 덜 당혹스러워질까?

아들: 제가 이미 사용하고 있어서 빌려줄 수 없다고 말해야 할 때면 더 당혹스

러울 것 같아요.

엄마: 그래. 그럼 처음 생각이 두 번째 생각보다 더 좋아?

아들: 예. 애나에게 새 컴퍼스를 사줄게요.

5단계 아들에게 문제해결 과정을 아주 잘해냈다고 말해주고 실제 상황이 어떻게 해결되어가는지 알려달라고 해라.

엄마: 내가 보기엔 좋은 해결책 같구나. 오늘 저녁 가게에 같이 가자. 애나가 괜찮아 하면 엄마에게도 알려줘.

모든 문제에 이런 과정을 활용할 필요는 없다. 무엇보다 시간이 오래 걸린다는 것을 나도 안다. 시간이 충분할 때 더 작은 문제에 시도해봐라. 그러면 아이도 문제해결에 대해 배울 것이고 문제가 생겼을 때 부모가 화를 내는 사람이 아니라 의지할 수 있는 사람임을 깨달을 것이다. 단, 아래 예시처럼 아이가 불쾌한 사회적 갈등을 겪고 있을 때는 반드시 이 방법을 사용해라.

시나리오 예시 2 ─────────────

딸: (울면서) 오늘 메건이 친구들에게 내가 헤프다고 욕했다는 말을 들었어요.

엄마: (당장 메건을 발로 차버리고 싶겠지만, 진지하게 '보톡스 이마'를 하고) 이런, 정말 안됐구나. 끔찍해! 얼마나 속이 상했니? 그래, 기분이 어때?

딸: 화나지! 그 애는 거짓말쟁이야! 게다가 남자애들에게 함부로 추근대는 사람은 내가 아니라 메건이라고요. 걘 대체 왜 그런대?

엄마: 모르겠구나. 엄마랑 잠시 앉아서 이야기할래? 이야기해도 좋고 그냥 앉아

만 있어도 좋아.

딸: 예. 그냥 앉아 있어요. 어떻게 해야 좋을지 모르겠어. 너무 화가 나서 내일 학

교에 가기 싫지도 않아. 다들 그 애 말을 믿을 걸.

엄마는 딸이 말할 때까지 조용히 기다린다. 엄마는 다음과 같이 말하고 싶은 충

동을 억누른다.

"아니야, 애들은 메건 말을 믿지 않아! 네가 얼마나 착한 아인데."

"걱정하지 마. 내가 오늘 메건 엄마에게 전화해서 그만 하라고 할게. 그리고 사

과도 시킬게."

"하지만, 메건은 늘 좋은 친구였잖아. 너희 둘에게 무슨 일이라도 생긴 건가?"

"정신건강을 위해 일단 내일은 학교 가지 마라. 다음날이면 이 일을 맞이할 준비

가 되어 있을 거야."

"그 못된 아이가 늘 너를 질투해왔잖아."

대신 이렇게 말해라.

엄마: 이 문제를 어떻게 해결할 수 있을지 몇 가지 방법을 생각해보자. 엄마는

전혀 판단하지 않고 네 말을 들을테니, 아무 생각이나 떠오르는 대로 말해

보렴.

딸: 올해 메건이 만난 남자애들 사진을 전부 인스타그램에 올리고 싶어. 그래야

다들 누가 진짜로 헤픈 여자인지 알 거 아니에요.

엄마: 그래. 그것도 한 가지 생각이지. 또 다른 아이디어 없을까?

딸: 메건한테 왜 그렇게 말했는지 물어볼 수 있어요.

엄마: 그래. 또 다른 건?

딸: 다른 애들한테 같은 소문을 들었는지 물어볼 수 있어요.

엄마: 음. 그래. 또 다른 생각은?

딸: 상담 선생님하고 말할 수 있어요.

엄마: 그래.

딸: 모르겠어. 메건한데 그만두라고 메시지를 보낼 수도 있겠죠?

잠시 이런 식으로 진행된다. 한마디 하고 싶은 마음을 참아가며 시간을 들여 더 많은 생각을 떠올리도록 부드럽게 딸을 격려한다. 딸이 천천히 생각하는 동안 엄마는 조용히 앉아 있는 게 좋다.

엄마: 문제해결을 아주 잘하는구나. 좋은 생각을 많이 떠올렸어. 또 생각나는 아이디어 있니? 그중 가장 좋은 두 가지가 뭘까?

딸: 인스타그램하고 메건에게 왜 그랬냐고 물어보는 거예요.

엄마: (인스타그램이라고? 미쳤니? 그러다가 어떤 일이 벌어질지 정말 몰라서 그래? 라고 소리치고 싶은 것을 꾹 참으며) 좋아. 인스타그램에 사진을 올리면 어떻게 될까?

딸: 사람들이 그 애가 얼마나 위선자인지 알게 되고 저에 대해 한 말도 믿지 않게 되겠죠.

엄마: 좋아. 네가 인스타그램에 사진을 올리고 다들 그걸 본다? 혹시 안 좋게 반응할 사람은 없을까?

딸: 걔 친구들이 화를 내겠죠. 저에 대해 또 뭔가를 올릴 거고요.

엄마: 이런, 그건 정말 안 좋겠다. 그래도 넌 괜찮겠어?

딸: 절대 아니지!

엄마: 그러면 전쟁이 시작될 것 같구나. 다른 아이디어는 어때?

딸: 그 친구에게 가서 왜 그런 말을 했는지 물어볼 수 있어.

엄마: 그러면 그 애가 어떻게 반응할 것 같아?

딸: 친구들이 옆에 있으면 거짓말을 할 거고 절대로 그런 말을 한 적이 없다고
잡아뗄걸?

엄마: 그 애랑 단둘이서 이야기할 기회는 없니?

딸: 수학시간이 끝날 때까지 기다리면 돼.

엄마: 좋아. 뭐라고 말할 거니?

딸: 메건, 네가 날 헤픈 애라고 욕했다는 소리 들었어. 왜 그렇게 말했는지 알고
싶어.

엄마: 좋아. 그런데 메건이 그렇게 말하는 걸 실제로 들었니? 아니면 다른 애한
테 전해들었니?

딸: (반짝!) 다른 애한테 들었어요. 정말로 그렇게 말했는지부터 물어봐야겠네요!

엄마: 어떻게 할 거니?

딸: 메건하고 단둘이 있을 때까지 기다렸다가 "메건, 우리 이야기 좀 할래? 네가
나더러 헤픈 여자라고 했다는 소문을 들었는데 그 문제에 대해 너하고 먼저
이야기를 하고 싶어." 이렇게 말할래.

엄마: 할 수 있을 것 같아?

딸: 응. 우선 그렇게 시작하는 게 좋겠어요.

엄마: 그러면 화가 덜 날 것 같아?

딸: 그럴 것 같아요.

엄마: 좋아. 정말 이런 생각을 잘 해내는구나. 일이 어떻게 돌아가는지 나중에 엄마한테 알려줄래?

아이가 잘못된 방향으로 문제를 해결하려 할 때

꽤 완벽하지 않았나? 그러나 실제 상황에선 시나리오처럼 항상 매끄럽게 진행되진 않는다. 때로는 아이가 지나치게 충동적인 감정에 휩쓸리기도 하고 혹은 지나치게 복수심에 불타오르거나 일이 바라는 만큼 말끔하게 해소되지도 않을 것이다.

이러한 상황에 대한 처리 방법에 관해 내 나름의 생각을 지니고 있지만, 우선 절대 논외로 삼아야 할 해결책부터 분명히 짚고 넘어가기로 하자. 일단 불법적인 해결책은 생각할 필요도 없을 것이다. 또 자녀가 학교나 다른 단체나 조직에서 징계나 훈육을 받게 될 방법도 당연히 안 된다고 덧붙이고 싶다. 마지막으로 상대방이나 내 아이에게 심각한 감정적, 신체적 상해를 입힐 수 있는 것도 절대 허락해선 안 된다.

자녀가 마음의 문을 완전히 닫지 않도록 하면서 자녀가 제시한 해결책이 적절하지 않다고 말하려면 어떻게 해야 할까? 아이가 불법적인 해결책을 제시하는 가장 상투적인 시나리오부터 시작해보자. 학교의 한 남학생이 아들을 놀리는데 아들이 생각해낸 해결책은 그 아이가 더는 모욕적인 문자메시지를 보내지 못하게 휴대전화를 훔치는 것이다. 그러나 절도는 분명히 불법행위이고 부모는 아들이 아무리 독립적으로 문제를 해결하는 법을 배우는 과정에 있어도 이런 길을 걸어가게 놔둘 수는 없다. 아들 스스로 자신의 문제해결 능력이 형편없다고 생각하지 않게 하면서 이 해결책은 막다른 골목이나 다름없다는 뜻을 전달해야 한다. 나라면 이렇게 말할 것이다. "그렇게 하고 싶은 마음이 분명히 들 거야. 하지만… 그 친구는 금세 다른 휴대전화를 구할 거고 그러면 문제가 완전히 해결되지는 않을 것 같아. 게다가 남의 물건을 훔치는 건 불법이니까 엄마는 네가 그런 일을 하도록 허락할 수도 눈감아줄 수도 없어. 계속해서 생각을 해보자. 브레인스토밍을 더해볼까? 아니면 네가 말하는 동안 엄마가 생각해낸 몇 가지 아이디어를 들어보겠니?"

불법행위를 선택할 만큼 엇나가지는 않아도 분명 앙갚음을 하고 싶은 마음은 들 것이다. 앞서 말한 시나리오에서 10대 초반 딸은 사람들을 자기편으로 끌어들이고 싶어 SNS에 글을 올리고 싶어했다. 심지어 상대방 여자애에 대한 나쁜 인상을 심어주기 위해 소문을 퍼뜨리거나 온라인에 문제가 될만한 사진을 올리고 싶어 하기도 했다. 아이가 상대방에게 감정적이거나 신체적인 상해를 입힐 수도 있는 해결책을 제안한다면, 또는 누군가 딸에게 상해를 입히도록 도발할 가능성이 있는 일을 제안한다면, 부모는 불법적인 해결책을 들었을 때처럼 단호히 반대할 수 있다. 이때 아이를 판단하지 않고 이해하는 태도를 유지해야 아이 스스로 자신은 문제해결 능력이 형편없는 사람이라고 느끼지 않는다. 문제해결은 아이가 현재 배우는 과정에 있는 만큼 당연히 연습을 통해 능숙해질 것이다. 나라면 이렇게 말할 것이다. "전에 이 방법을 선택한 사람들을 봤단다. 꽤 유혹적이지만 결말은 별로 좋지 않았어. 그런 상황에서는 어느 한 사람이나 두 사람 모두 상처를 받게 된단다. 그러니 다른 선택안을 생각해보자. 넌 좋은 생각을 잘 떠올리잖아. 계속해서 아이디어를 떠올려보겠니? 아니면 네가 말하는 동안 엄마가 생각해낸 아이디어를 들어보겠니?"

아이가 제안한 방법이 보복성이기는 하지만 불법이나 비도덕적이지 않다면 아이에게 문제의 핵심은 상대방이 아니라 상대방이 안겨준 느낌이라는 사실을 상기시켜라. 상대방을 고칠 수는 없지만 내가 받고 있는 느낌은 고칠 수 있다. 딸이 슬프거나 외롭거나 실망스럽거나 화가 나거나 혼란을 느낀다면 제안한 해결책이 그런 감정을 고치는 방향으로 작용할지 그저 상대방을 향해 어떤 행동을 취하는 방식에 불과한지 물어봐라. 복수는 무기력하게 앉아 있지 않으므로 적절한 일을 하는 것처럼 느껴지지만, 실제로 고통을 치유하지는 않는다고 말해줘라.

또 한 가지 도움이 되는 전략은 이 문제를 다른 사람의 일인 것처럼 생각해보는 것이다. 당사자인 자녀보다 더 어린 친구나 형제, 아는 사람을 같은 시나리오에 캐스팅해 그 아이를 위한 해결책을 생각해보게 하는 것이다. 그러면 해당 시나리오에 대한 시야를 조금 더 넓힐 수 있고 중립적인 태도를 유지할 수 있으며 더 어린아이에게 생긴 일이라는 생각에 자녀의 보호본능을 불러일으킬 수도 있다.

마지막이자 가장 중요한 점은 시간을 버는 것이다. 중학생은 충동적이고 소셜미디어 세계에서 즉각적으로 반응하고 싶은 욕구를 가지고 있다. 아이가 나쁜 선택안을 결정하는 것 같다면 다음과 같이 말해보자. "널 판단하지 않겠다고 약속했으니까 그 약속은 지킬게. 엄마가 부탁하는 것은 24시간 동안 어떤 행동도 하지 않겠다는 약속이야." 하룻밤 푹 자고 나면 아이는 새로운 시각을 갖게 될지도 모른다. 아이의 생각과 행동의 속도를 늦출 수 있다면 아이가 덜 감정적으로 문제에 접근하게 될 수도 있다.

아이가 중학생이 되면 부모는 책임지고 문제를 해결해주던 위치에서 문제해결법을 가르치는 위치로 물러나야 한다. 미성년 자녀의 부모로서 무책임하지 않나 생각될 테지만, 아이가 감정적으로나 신체적으로 지속적인 위협에 시달리는 상황이 아니라면 아이의 사회적 갈등 해결에 부모가 개입할 필요는 없다. 아이는 부모가 개입하는 게 아니라 지지하고 응원할 때, 스스로 문제를 해결할 수 있다고 느낄 때 더 회복력 있고 유능한 사람으로 자랄 것이다.

○◉● 사회적 갈등은 종종 아이에게 무기력감을 남긴다. 이러한 문제해결 과정은 아이 손에 통제권을 돌려줌으로써 힘이 없는 상태의 무능함을 느끼지 않게 한다.

지금까지 말한 문제해결 방식은 마법의 특효약 같은 해결책을 찾아주는 게 아니라 아이에게 문제해결 과정을 가르쳐주는 것을 의

미한다. 아이가 지나치게 유연하거나 너무 과감한 해결책을 선택하더라도 걱정하지 마라. 아이가 이 과정에 능숙해질수록 해결책을 찾는 실력도 점점 성숙해질 것이다.

아이 스스로 문제를 해결하게 놔두는 것을 유독 불편하게 여기는 부모들이 있다. 혹시 다음 목록 중에 자신에게 해당하는 이야기가 있는가?

- 내 아이는 문제해결에 미숙해서 아이가 직접 문제를 해결하려다 일을 더 망칠 게 뻔하다.
- 내가 하지 않으면 아이는 문제해결을 위해 어떤 일도 하지 않으려든다. 문제를 그냥 무시해버릴 것이다.
- 아이가 실수하게 놔둘 수는 없다. 어떻게 하는 게 올바른지 내가 가르쳐주어야 한다.
- 아이가 나를 필요로 한다는 사실이 좋고 도와주고 싶다. 중학생 자녀가 나를 필요로 하지 않는다면 슬플 것이다.
- 아이가 들어주기만 하면 나는 그간의 경험을 통해 적절한 답을 찾아낼 자신이 있다.

이렇게 생각하는 것도 충분히 이해가 된다. 전부 타당한 말이다. 왜 이런 생각이 통용되는지 비판적으로 살펴보자.

'내 아이는 문제해결에 미숙해서 아이가 직접 문제를 해결하려다 일을 더 망칠 게 뻔하다'는 의견부터 보자. 중학생 아이가 문제해결에 미숙한 건 맞다. 문제해결에 능숙해지려면 특정 연령에 도달해야만 한다. 그것도 연습이 필요하다. 처음에는 서투를 수밖에 없다. 그러나 부모가 어릴 때부터 문제해결을 시도하도록 지도한다면 고등학생이 되어서는 경험이 쌓여 더 까다로운 문제도 다룰 수 있을 것이다. 반면 지금부터 시작하지 않으면 아이 두뇌는 이런 기술을 탑재할 기회를 잃게 된다. 문제해결을 연습함으로써 이렇게 결정적으로 중요한 기술이 아이의 두뇌에 공고히 새겨지도록 해라.

'내가 하지 않으면 아이는 문제해결을 위해 어떤 일도 하지 않으려 든다. 아이는 문제를 그냥 무시할 것이다.' 내 말을 믿어라. 나도 무슨 말인지 이해한다. 내 아들도 문제해결을 위해 시간과 노력을 들이는 쪽보다 상황이 알아서 흘러가게 놔두는 편이다. '가만히 있으면 알아서 해결된다'가 그 아이의 철학이다. 사전대비를 좋아하고 늘 긴장하고 성급하며 경쟁적인 엄마로서 이런 모습을 보면 좌절감이 든다. 그러나 아이가 옳다. 아이가 사소한 일에 스트레스를 받는 편이 아니라면 더 많은 힘을 실어줘라. 아이가 손에서 내려놓은 문제를 부모가 대신 해결해주지 마라. 이건 부모의 문제가 아니다. 만약 아이가 문제라고 느끼거나 스트레스를 받지 않는다면 아이의 문제도 아니다.

'아이가 실수하게 놔둘 수는 없다. 어떻게 하는 게 올바른지 내가 가르쳐주어야 한다.' 이상하게 들리겠지만, 이 두 가지 감정은 굉장히 모순적인 감정이다. 아이에게 문제가 생길 때마다 부모가 매번 해결책을 직접 쥐여준다면 아이에게 전혀 도움이 되지 않는다. 실수를 해봐야 어떤 방법이 가장 효과적인지 스스로 이해할 수 있게 되고 더욱 회복력 있고 독립적인 청년으로 자랄 수 있다.

'아이가 나를 필요로 한다는 사실이 좋고 도와주고 싶다. 중학생 자녀가 나를 필요로 하지 않는다면 슬플 것이다.' 문제해결 지배권을 절대로 넘겨주지 않겠다는 것은 아이가 부모를 더는 필요로 하지 않는다는 뜻이다. 아이의 발달을 억누르지 않고도 편안함과 지지를 보낼 수 있는 방법은 많다. 사실 판단하지 않고 적극적으로 들어주기만 해도 부모는 중학생 자녀에게 훨씬 더 소중한 존재가 될 수 있다. 부모가 문제해결을 멈추면 오히려 아이가 놀랄 정도로 자주 자기 문제를 들고 찾아올 것이다.

'아이가 들어주기만 하면 나는 그간의 경험을 통해 적절한 답을 찾아낼 자신이 있다. 틀린 답도 재빨리 찾아낼 수 있다.' 아이가 스스로 해결책을 생각해내는 게 중요하다. 아이는 자신의 성격과 상황, 관련된 다른 사람들에 기초해 가장 효과가 좋을 거라고 믿는 해결책을 찾아낼 것이다. 아이만이 그 모든 세부사항을 알고 자신에게 가장 잘 맞을 해결책이 어느 정도로 편안할지 가늠할 수 있다.

아이가 중학교 시절 어떤 문제나 상황을 맞이하든 다음 단계대로 따라가면 10대 이후로도 도움이 될 수 있는 사회적 관리기술을 개발할 수 있을 것이다. 아이가 처음에는 감정적으로 반응하더라도 단계를 밟아가는 과정에서 실천적이고 방법론적으로 행동하게 될 것이다. 아이는 스스로 문제를 해결해나가면서 자동적으로 중요한 기술들을 연습하게 된다. 그러면 더욱 자신감 있게 해결책을 실행에 옮길 것이고 상황이 해소되면서 자존감도 높아질 것이다. 자존감은 참가상처럼 쉽게 받을 수 있는 게 아니다. 스스로 문제를 해결할 때처럼 도전의 극복에 성공했을 때에 비로소 생기는 것이다.

문제해결 방법 지도하기

1. 아이가 어떤 문제를 들고 찾아오면 중립적인 표정을 지어라.

2. 그 문제 때문에 지금 기분이 어떤지 물어봐라.

3. 문제를 해결할 수 있을 것 같은 여러 가지 방법들을 떠올려보게 한다. 아이가 어떤 생각을 하든 부모는 부정적으로 반응하지 않겠다고 약속한다.

4. 가장 마음에 드는 해결책 두 가지를 고르게 하고 각 해결책이 실생활에 어떻게 작용할지 단계적으로 생각을 말해보게 해라.

5. 한 번 더 확인해라. 그렇게 하면 네 기분이 덜 ○○해질까?

6. 가장 좋은 해결책 하나를 고르게 해라.

7. 언제라도 아이의 말을 듣는 게 좋으니 실제로 일이 어떻게 진행되는지 알려달라고 해라.

2부

사례로 보는
사춘기 자녀교육법

지금쯤은 중학생의 두뇌가 독립적인 정체성과 고유한 의사소통 요구, 스스로 문제를 해결하는 능력을 개발하고자 발달하고 있음을 더 깊이 이해하게 되었을 것이다. 부모는 이러한 보편적인 변화에 맞서 싸울 수도 있고 받아들일 수도 있다. 가장 좋은 방향은 아이가 겪는 변화를 적극적으로 받아들이고 축하해주는 것이다. 그래야 까다롭고 힘겨운 중학교 시절 내내 부모도 아이도 더욱 행복할 수 있다.

부모들이 가장 자주 물어보는 상황 열세 가지를 추려보았다. 부모와 자녀 모두 당혹스러워하는 중학교 시절 가장 보편적인 사회적 딜레마들이다. 1부에서 살펴본 청소년기 발달과 양육에 관한 이론에 기초해 중학교에서 실제로 벌어지는 일들을 더 자세히 알아보고 누구나 쉽게 따를 수 있는 실천적인 조언을 통해 당혹스러운 상황에서 벗어날 수 있을 것이다.

가장 일반적으로 듣는 걱정이 "우리 애는 나랑 말을 하려고 들지 않아요"이다. 이 문제는 따로 1부 4장에서 다뤘으므로 2부에서는 시나리오로 다루지 않았다. 그게 주된 관심사라면 1부 4장으로 다시 넘어가기 바란다. 그렇지 않으면 정주행 하시길!

나 빼고 전부
인스타그램 한단 말이에요

딸이 인스타그램 계정을 만들었어요.
저도 다들 SNS를 한다는 걸 알지만 그러다가
못된 일진들, 스토커, 문란한 사진 같은 걸 만나면 어쩌죠?
아이는 자기가 알아서 한다고 말하는데 걱정입니다.

아이의 SNS 입문을 받아들여라

엄마 마음에 들든 들지 않든 SNS는 아이들 삶의 일부이므로 완전히 몰아내려고 해봐야 아무 소용없다. SNS를 못하게 막으면 엄마 몰래 가명으로 비밀 계정을 만들 것이다. 또 친구 계정으로 들어가 부모가 금지한 온갖 것들을 둘러보는 아이도 있다. "애들이 언젠가는 술을 마시게 되겠지만, 그렇다고 내 돈으로 아들에게 술을 사줘야 하는 건 아니잖아"라고 생각하는 부모도 있을 것이다. 맞는 말이다. 소셜미디어도 미성년자 음주처럼 어두운 면이 있다. 그러나 이 비유가 완전히 들어맞지 않는 이유는 미성년자 음주와 달리 중학생의 소셜미디어 사용에는 몇 가지 큰 장점이 있기 때문이다. 부모가 잘 도와준다면 말이다.

개인적으로 나는 소셜미디어를 좋아하고 이롭게 사용하고 있다. 인스타그램을 통해 내 아이들의 변화무쌍한 관심사와 취미, 열정, 친구들을 알아나간다. 빠른 변화의 속도 속에서 인스타그램을 통해 아이들과 적절한 대화를 나눌 수 있는 실마리를 찾을 수 있다.

또 소셜미디어는 내 아이들과 아이들의 친구들 삶에서 벌어지는 슬픈 단면들을 엿볼 수 있게 해준다는 점에서도 중요하다. 작년에 딸이 다니는 학교의 여학생 한 명이 자살을 시도했다. 그 소식을 듣고 딸아이가 그 아이의 인스타그램으로 들어가 자살시도 며칠 전의 게시물을 내게 보여주었다. 우리는 그녀가 남긴 몇 가지 게시물이 사실상 도움을 요청하는 목소리였단 걸 알아챌 수 있었다. 우리는 함께 열네 살 소녀로 살아가며 느끼는 압도적인 부담감에 대해 그리고 그 감정들을 다룰 좋은 방법들에 대해 이야기를 나누었다.

지금도 나는 아이가 지지와 응원이 필요하다는 신호를 보내는 것은 아닌지 게시물들을 눈여겨 살펴본다. 뭔가가 보이면 격려와 칭찬을 더해주거나 민감한 문제에 대해서는 대화를 나누기도 한다. 상황이 정말로 안 좋아 보일 경우는 더 적극적으로 나갈 수도 있다. 물론 아이들의 소셜미디어 세계에 들어가면 불쾌한 것들도 보게 된다. 어떤 것은 상처를 주기도 한다. 그러나 많이 알수록 많이 성장한다. 소셜미디어를 들여다볼 용기만 낸다면 아이들의 내면을 들여다볼 수 있는 좋은 통로가 될 것이다. 소셜미디어를 완전히 무시하기보다

가족의 생활양식에 통합시켜보자. 그래야 소셜미디어를 계속 눈여겨보면서 긍정적인 면은 우리에게 유용하게 사용하고 위험성은 누그러뜨릴 수 있다.

소셜미디어는 매우 빨리 변화한다. 아이들이 인스타그램을 하든 계속해서 튀어나오는 최신 플랫폼을 선택하든 같은 철학을 가지고 대처하면 된다. 아이들이 즐겁게 소셜미디어의 파도를 헤쳐나갈 수 있게 도와줘라. 일관성을 위해 여기서는 인스타그램을 예로 들 것이다. 내가 아는 대다수 부모들은 아마 인스타그램을 다음과 같이 생각할 것이다.

- 아이들이 사진이나 동영상을 공유하는 의미 없는 소셜미디어 앱이 자 골칫거리.
- 아이들을 똑같이 못되게 만들고, 학업에 무관심하게 만들며, 특정 브랜드를 의식하게 하고, 자기연민에 빠지게 하며, 자존감을 갉아먹는 사회적 괴물.

이제 다음과 같이 생각하는 건 어떨까.

- 아이가 자신의 관심사와 고민거리를 표현하기 위해 사용하는 창조적 의사소통 도구이자 10대 초반 아이들이 부모와 멀어지기 시작할 때 계속해서 결합을 유지할 수 있게 해주는 강력한 양육 도구.

이제 관심이 조금 더 생겼는가? 그랬기를 바란다. 인스타그램은 장점이 많다. 주의를 기울일 필요가 없다는 말은 아니다. 어떤 도구든 아이 손에 주기 전에 반드시 안전하고 생산적인 사용법을 가르쳐 주어야 한다. 일단 부모와 자녀가 인스타그램을 '어떻게' 사용할 것인가를 알아보기 전에 '왜' 필요한지부터 살펴보자.

아이들은 10대 초반이 되고 사춘기에 접어들면서 부모와 동떨어진 자신만의 정체성을 개발하는 중요한 일에 착수한다. 자연스럽게 혼자서 혹은 또래와 보내는 시간이 많아지고 부모 품에서 보내는 시간은 줄어든다. 부모 입장에서 섭섭한 일이기에 한편으론 아이들이 변화하는 이 시기에 아이 곁에 더 가까이 머무를 방법을 궁리하게 될지도 모른다.

이때 소셜미디어는 발달 중인 아이의 가치관과 유머, 관계, 관심사, 고민거리 등을 목격할 수 있는 좋은 통로다. 당신은 SNS를 활용해 아이가 진심으로 관심을 보이는 주제들에 대해 대화를 나눌 수 있을 것이다. 어쩌면 딸의 계정에서 농구 사진 몇 장을 발견하게 될지도 모른다. 당신은 아이가 농구를 좋아하는지조차 몰랐는데! 아이가 새로운 관심사를 찾았을 수도 있고 옆 동네에 사는 귀여운 남학생이 농구부여서 딸이 팬이 되었을 수도 있다. 어느 쪽이든 새로운 경향성을 발견하고 아이와 편안하게 대화의 장을 열어나가다가 더 큰 주제로 발전시킬 수 있을 것이다.

이렇게 생각하는 부모도 있을 것이다. '좋아. 아이돌이든 스포츠 선수든 심지어 웃통을 벗은 어벤져스 토르의 사진이든 봤다고 치자.

그래도 내 아이가 온라인에서 보게 되거나 게시할지 모르는 순수하지 않은 것들이 걱정된다.' 부모들이 걱정하고 있는 게시물은 어떤 것들을 말하는가? 순전히 외모에 근거해 서로 순위를 매기는 미모 콘테스트, 욕설을 마구 내뱉는 스펀지밥, 이런 걸 볼 거라고 상상도 못하겠지만 키스하는 중학생 커플, 마약과 살인이 나오는 만화, 섹시한 포즈를 취하는 아이들까지….

내 아이가 이런 유해물들을 보지 않기를 바라는 부모 마음이야 충분히 이해한다. 그러나 인스타그램이 아니더라도 아이는 친구의 스마트폰이나 태블릿에서 이런 이미지들을 반드시 볼 수밖에 없다.

○●● 아이 계정을 부모가 점검하지 못하면 아이가 어떤 사진을 보는지 알 수 없다. 부모가 보지 못하면 아이와 함께 대화를 나눌 기회도 없을 것이고 그런 경험을 아이 혼자 혹은 또래의 의견을 통해 처리하게 된다.

그렇다면 아이가 즐겁고 유용하게 소셜미디어를 사용하면서 동시에 안전하게 사용하게 하려면 어떻게 도와줄 수 있을까? 이게 핵심이다. 당신과 아이를 위한 인스타그램 혹은 다른 일반적인 소셜미디어에 관한 사용 지침을 제안한다.

소셜미디어 사용지침

1번, 아이가 새로운 플랫폼에 접근하기 전에 반드시 부모에게 암호를 알리게 하고 언제든지 내용물을 살펴볼 수 있게 해라.

2번, 온라인상 행동을 적절하게 할수록 부모가 너의 SNS를 살펴보는 일이 줄어들 거라고 알려줘라. 그 말은 부모가 자녀의 텍스트와 게시물, 기타 기술적이고 공개적인 의사소통 형식들을 읽을 수 있고 읽어야 한다는 뜻이다. 그렇다고 아이의 일기를 읽지는 마라.

3번, 온라인상 적절한 예절과 안전수칙에 대해 한도를 정해줘라. 경계선을 넘는 일이 생기더라도 이미 한계를 정해놨기 때문에 아이가 충격을 받지 않고 그 문제를 처리할 수 있다. 예를 들어 소셜미디어 계정에 학교 사진 게시하지 않기, 욕설하지 않기, 휴대전화에 위치표시 기능 꺼두기, 타인을 놀리지 않기, 다른 사람들을 당황하게 하지 않기, 지나치게 많은 게시물로 팔로워들에게 부담 주지 않기 등을 포함할 수 있을 것이다.

4번, 아이의 계정에서 본 긍정적인 게시물에 대한 이야기로 대화를 시작해라. 저녁 시간에 "네가 금요일에 올렸던 새끼고양이 사진 마음에 들더라. 정말 귀여웠어! 네가 직접 편집한 거니?"와 같은 말로 시작해라.

5번, 일상적인 대화의 시도가 실패하면 밀어붙여라. "불편하겠지만 네가 쓰는 기기와 프로그램 사용에 대해 내가 할 이야기가 생길 때가 있을 거야. 자주 하지는 않겠지만 뭔가 불쾌한 게 있으면 종종 하게 될 거야. 네가 분명히 이해할 수 있도록 이야기를 나눠야해. 그게 엄마가 하는 일이란다. 그 사진에 대해 내가 문제가 된다고 생각했던 부분은 말이야…"

6번, 아이나 아이 친구가 올린 게시물에 대해 온라인으로 부정적이거나 훈계하는 듯한 말은 하지 않겠다고 약속해라. 뭔가 문제가 보이면 개인적으로 오프라인에서 얘기하겠다고 약속해라.

7번, 가장 중요한 것인데 이런 대화를 차분하고 합리적으로 하겠다고 약속해라. 부적절한 내용물을 봤다고 벌컥 화부터 낸다면 아이는 절대로 중요한 문제를 부모에게 털어놓지 않겠다고 다짐할 것이다. 그러면 아이는 가짜 이름으로 새로운 인스타그램 계정을 만들 것이다.

8번, 실수에 대한 판단은 잠시 유보해라. 윤리나 도덕, 예의범절에 관해 우려되는 점을 발견했다면 그날 저녁 늦게나 다음날까지 기다렸다가 이야기해라. 아이 어깨너머로 뭔가를 보고 충격을 받았다고 곧바로 언급하지는 마라. 아이는 당장 기기를 끄고 대화를 중단할 것이다. 단, 안전이 걱정되는 문제라면 즉시 얘기해라.

9번, 불쾌한 문제는 탐색하는 질문을 이용해 편안하게 꺼내라. "여학생을 뒤에서 안고 있는 남학생 사진 봤니? 나는 그 여학생이 당황했는지 어쩐지 구분이 안 되던데, 넌 어땠니?"

10번, 절대 자주 개입하지 마라. 사실 이곳은 아이의 새로운 놀이터이고 아이는 부모가 끊임없이 맴돌기를 원하지 않을 것이다. 안전이나 도덕성처럼 심각한 문제에 대한 언급을 제외하고 나머지는 알아서 하게 놔두어라. 아이는 언제나 부모의 눈을 벗어날 방법을 모색하고 있다.

11번, 어느 정도까지 부모의 언급이 불편하지 않은 수준인지 아이에게 물어봐라. 사진을 칭찬하는 건 괜찮은가? 친구들에 대해 말하는 건 어떤가? 어느 정도까지 받아들일 수 있고 어느 정도는 당혹스러운지 아이에게 물어봐라. 내 생각에는 소셜미디어에 관한 아이와의 상호작용은 적을수록 좋다. 부모가 지켜보고 있음을 온라인상에 알리고 싶겠지만, 이목을 끄는 스타가 될 필요는 없다.

12번, 위치정보 표시 기능을 꺼놓게 해라. 아이가 게시하는 사진이 위치정보를 드러내지 않도록 해라.

13번, 집 주소나 활동하는 곳의 위치가 분명하게 표시되는 사진을 올리지 않게 해라.

14번, 계정 프로필에 개인정보를 너무 많이 넣지 말도록 해라.

15번, '좋아요'에 대해 아이와 대화를 나누어라. 인스타그램을 인기를 얻기 위한 홍보용으로 사용하는 아이들이 있다. 자극적인 게시물을 올리거나 '좋아요'를 구걸한다. "왜 여자애들은 모르는 사람에게 자신의 외모를 평가받으려고 할까?" "너랑 네 친구가 똑같은 사진을 올렸는데 친구가 '좋아요'를 더 많이 받으면 어떨까?"와 같이 비판적인 사고를 격려할 수 있는 질문을 던져라.

16번, 아이가 인스타그램을 좋아하는 취미나 주제로 꾸밀 수 있게 권장해라. 예를 들면 내 딸은 해리 포터와 헝거게임을 좋아해서 인스타그램을 이 책들과 영화들로 꾸려가고 있다. 주변 사람 누구도 그 애가 이 계정을 관리하는지 모른다. 최근에는 헝거게임 영화에 출연한 여배우가 딸의 인스타그램에 찾아와 칭찬을 남겨 하루, 아니 일주일, 아니 한 달을 행복하게 보냈다. 내 아이의 즐거움은 또래로부터 '좋아요'를 수집하는 게 아니라 좋아하는 주제를 같은 팬들과 함께 즐기고 찬양하는 것이다. 한 가지 사실을 공개하자면 딸아이는 사교용 개인 계정도 따로 운영하고 있는데, 위에서 언급한 요점들을 모두 챙기고 있다.

17번, 창조성을 격려해라. 아이가 직접 편집 작업을 해볼 수 있는 앱이 많다. 단순히 '셀카'를 올리거나 다른 사람이 올린 것을 공유하기보단 아이가 직접 숙련된 그래픽 디자이너처럼 이미지와 인용문과 편집방식을 선택해 자신만의 스타일을 표현하도록 격려해라.

18번, 다면적인 소셜미디어 정체성을 만들어내는 방법을 가르쳐줘라. 부모는 아이가 절대 해서는 안 되는 것을 당부할 때만 개입하는 게 아니다. 온라인에서 자기 이미지를 완성할 방법들을 알려줘라. 다면적인 온라인 이미지 만들기에 관해서는 아래 적은 공식들을 참고해라.

19번, 아이가 시선을 다른 데로 돌리더라도 여전히 부모 말을 듣고 있음을 알아라.

재미있는 인스타그램을 위한 게시글 분배 공식

✓ 10% 친구들과의 놀이

✓ 10% 취미 또는 특별한 관심사

✓ 10% 음식

✓ 10% 애완동물 & 가족

✓ 10% 감동적인 메시지

✓ 10% 정보 공유나 정보 요청

- ✓ 10% 개인적으로 지지하는 대의명분
- ✓ 10% 유머
- ✓ 10% 셀카가 아닌 자기 사진
- ✓ 10% 셀카

중학생들의 최대 관심사
성(性)

6학년 아들이 집에 돌아와 묻더군요.
"엄마, 69가 뭐야?" 저는 비명을 질렀어요.
"세상에! 69가 뭐긴 뭐야. 그냥 숫자지. 어서 가서 숙제나 해!"
아이에게 그런 것도 설명해주어야 하나요? 차라리 죽을래요.

성에 관한 자녀의 질문에 어떻게 대답해야 할까

위와 같은 질문을 받고 당황해 어쩔 줄 몰라 하는 부모들을 많이 만났다. 정상적인 반응이기는 하지만 성과 관련한 아이의 질문을 무조건 차단하는 건 좋지 않다. 사실 아들이 이런 질문을 할 정도로 부모를 신뢰하는 걸 보면 지금까지 당신이 꽤 잘해왔다는 뜻이다. 자신감을 품고 강인함을 유지해라. 엄마, 아빠는 할 수 있다!

엄마 생각으론 아들이 겨우 6학년이라 생각해 본능적으로 아이의 관심을 다른 데로 돌리고 싶을 것이다. "넌 아직 어리니까 그런 건 몰라도 돼" 혹은 "너한테 말할 만큼 편한 이야기가 아니야"는 좋은 반응이 아니다. 엄마에게 물은 거라면 아이도 단지 재미 삼아 물어본 게 아닐 것이다. 그 단어가 뭔지 몰라 불안감을 느꼈을 것이고 부모가 답을 주지 않으면 구글이나 유튜브에서 찾을 것이다.

잠깐 인터넷 이야기를 해보자. 최근 한 엄마에게 컴퓨터 검색 히스토리를 살펴보다가 포르노 동영상 링크를 발견했다는 이야기를 들었다. 딸에게 어떻게 된 일이냐고 물었더니 아이는 결국 울음을 터뜨렸다. "학교 애들이 전부 '주먹질 fisting' 이야기를 하는데 저만 그게 뭔지 몰라 쪽팔렸어요. 그게 무슨 말인지 알고 싶었을 뿐이에요." 아이는 인터넷에서 본 것 때문에 훨씬 더 놀랐다. "정말로 어른들은 서로 그렇게 대해요?" 아이는 울었다.

아이의 순수함이 깨진 게 서글프고 '야동'에서 본 것을 정상적인 어른들의 행동으로 오해한 게 훨씬 더 마음 아팠다. 요즘 아이들은 의문이 생길 때마다 인터넷으로 해결한다. 아이가 질문을 들고 찾아온다고 해서 모든 것을 말해줄 필요는 없다. 다만 아이 스스로 더 많은 것을 찾아보지 않도록 호기심을 채워줄 정도로는 대답해주어야 한다.

중학생이 되고 사춘기에 접어들면 온갖 성적인 은유, 농담, 속어에 노출된다. 부모들은 상상조차 못 할 수준이다. 또 아이들은 대답을 구글에서만 찾지 않는다. 버스에서 체육관에서 점심시간 급식실에서 금방 '전문가' 친구를 찾아낸다. 사실 아는 사람이 없는 곳에서는 아는 척하는 아이가 곧 전문가다. 그러므로 자녀가 인간의 성과 발달에 대해 정확히 알기를 원한다면 부모나 믿을만한 어른이 정보의 출처가 되어주어야 한다.

성에 관한 대화는 부모가 중학생 자녀와 나누기 가장 어려워하는 주제다. 아이가 일단 중학생이 되면 갑자기 온갖 것을 주워듣게 되고 친구들 사이에서 전문가처럼 보이고 싶어 한다. 그러므로 부모가 일찍부터 가족 내 지식 관리자가 되어주어라. 아이가 '충격적인' 질문을 해도 부모가 과잉반응하지 않는다는 것을 알게 되면 마약, 학교폭력, 신체 이미지, 관계상의 학대 등 이 나이대에 뜨거운 다른 주제에 대해서도 부모에게 상의할 수 있고 늘 부모가 곁에 있다는 것을 알게 될 것이다.

이처럼 불편한 상황을 만나면 다음과 같이 해보자.

1번, 심호흡을 해라.

2번, 이런 주제에 관해 이야기하는 게 어렵다는 것을 인정하되 아들에게 정확한 정보를 줄 수 있으니 당신을 찾아와 기쁘다고 말해줘라.

3번, 호기심을 해소할 수 있을 만큼 충분히 말해줘라. "69는 어른 두 명이 관계된 성행위 자세를 말하는 별명이야." 이 정도면 충분할 것이다. 아이는 또래 사이에서 다시 이 이야기가 나올 경우 '체면'을 유지할 수 있을 정도의 최소한의 정보가 필요했을 것이다.

4번, 후속 질문에 답해줘라. 아이가 그 이상을 알고 싶어하면 정확한 답을 주어야 한다. 이 경우 오럴섹스에 관한 짧은 개념이 포함될 수 있다. 정확한 어휘를 위해 성교육서를 찾아볼 것을 권한다.

"이 문제는 생각할 시간이 필요하구나. 내일 더 제대로 설명해줄게"
라고 말해도 괜찮다.

5번, 이 기회에 가치관에 대한 대화를 이끌어내라. 이 경우에는 성관계를 맺기로 한 두 사람이 서로 존중해야 하고 상대방의 말에 귀를 기울여야 한다, 성행위 중 어떤 선택도 사랑과 즐거움이라는 느낌에 기초해야지 압박감에 의해서는 안 된다는 이야기를 나눌 수 있을 것이다.

6번, 부모도 질문을 던져보자. "사람들이 그런 말을 쓰는 걸 어떻게 들었니?" "너도 알고 싶었던 주제야?"

7번, 아이가 질문해줘서 기쁘다고 분명히 말해줘라. "이런 문제에 대해 이야기하는 게 어색하고 거북하다는 거 엄마도 잘 알아. 하지만 엄마에게 물어봐줘서 정말 기쁘구나. 이런 주제에 관해서라면 언제든지 엄마한테 물어봐도 좋아."

8번, 당신이 직접 질문에 대답하기가 편안하지 않다면 적절한 정보의 원천을 연결해줘라. 친한 친구나 소아과 의사나 청소년 성교육과 관련한 좋은 책이 될 수도 있다. 부모가 모든 면에 전문가가 될 필요는 없으며 어딜 가야 도움을 구할 수 있을지만 알고 있어도 된다.

여학생들 사이의 암투에
딸이 휘말렸어요

제 딸이 함께 어울렸던 여학생 무리에서 올해 버림을 받은 것 같아요.
대놓고 괴롭히면서 그룹에서 밀어낸 건 아닌데
아마 주도자가 한 명 있는 것 같아요.
마음이 아프고 화가 납니다. 어떻게 해야 할까요?

여학생들이 서로 등을 돌릴 때 어떻게 해야 할까?

안타깝게도 중학교에서 흔하게 일어나는 상황 중 하나다. 나도
어렸을 때 겪은 일이므로 부모와 아이 모두 얼마나 겪기 어려운 일
인지 잘 안다. 당신의 고통을 덜어주지 못하는 순전히 교육적인 말
이기는 하지만, 이 시기 딸과 또래의 두뇌에 어떤 일이 벌어지고 있
는지 기억해두는 게 도움이 될 것이다. 그 아이들에게 조금의 자비
를 베풀라는 말도 노엽게 들린다는 거 안다. 그렇지만 중학교에서의
우정이 왜 이렇게 잘 변하는지 그 배경을 이해하고 넘어가자.

중학생 아이들은 또래와 관계를 맺는 자신이 어떤 사람인가의

문제로 약간 호들갑을 떨기 시작한다. 가족과 동떨어진 자신의 정체성을 개발하는 게 아이들의 일차적인 목표이고, 언젠가는 성공적으로 부모 집을 떠나 직장을 구하고 아파트를 얻고 자신만의 관계를 추구해나갈 것이다.

자신이 누구인지 이해하려면 또래가 구축한 사회의 피라미드 가운데 자신이 어디에 속하는지를 알아야 한다. 남학생에게나 여학생에게나 모두 어려운 일이지만 대중문화의 영향으로 특히 10대 초반 여학생들이 어려움을 겪는다. 아이들의 커뮤니티를 대충 훑어보기만 해도 알 수 있다. 12세부터 15세 사이 여학생들을 대상으로 하는 콘텐츠들은 충격적일 정도로 성적이고 어른스러운 주제를 다루고 있다. 그러나 그보다 더 미묘하고 은밀한 일들이 벌어지고 있다. 오늘날 10대 소녀를 겨냥한 대중문화는 여전히 '나는 정상적이지 않아'라는 청소년기 최고의 두려움을 이용하고 있지만 옛날과 큰 차이가 있다면 완벽해지는 것을 지나치게 강조한다는 점이다.

외모도 패션도 인기도 모두 완벽해야만 할까? 일부 여학생들은 자신만은 확실히 따돌림을 당하지 않으려고 특정 친구를 공격하기도 한다. 심리학자들은 이를 '관계적 공격성'이라 부른다. 무리 안에서 한 여학생이 소문이나 공개적인 모욕을 통해 또래와의 관계에 해를 가하고 다른 사람에게 상처를 입힌다. 대중매체가 여학생들을 향해 완벽해져야 한다고 부추기는 가운데 여학생들은 서로 흠집을 지적하고 자신의 흠집은 기필코 감추는 등 사회적으로 공격적인 문화를 형성한다.

더 정상적(더 완벽한)이 되어야 한다는 문화적 압력으로 인해 여학생들은 중학교에 들어가면서 자연스럽게 급격한 우정의 변화를 겪는다. 관심사가 변하고 새 친구들을 사귀게 되고 '멋짐'에 대한 생각도 예전 친구들과는 달라지며 때로는 이러한 변화를 제대로 처리할 어휘나 방법도 갖추지 못할 때가 있다. 중학교에서 아이들 사이의 우정이 엎치락 뒤치락 하는 건 정말 흔한 일이지만 그렇다고 상처가 줄어드는 것은 아니다. 여학생들은 서로를 피해자로 만들지 않고도 이러한 변화에 대해 말하는 법을 배워야 한다.

앞서 말했듯이 딸이 겪는 상황에 대해 당신의 걱정을 해소해줄 수는 없지만 왜 유독 여중생들이 서로 못되게 구는 걸로 악명이 높은지는 설명할 수 있다. 사실 나는 못되게 군다는 왜곡된 표현이 정말 싫다. '여자 상사가 유독 못되게 군다'라는 말과 같다. 일부 끔찍한 아이들도 있겠지만 사실 문제는 '여중생'들이 못되게 구는 게 아니다. 문제는 이 시기 청소년들의 감정이 복잡다난하며 자존감이 허약하다는 것이다. 그래서 실수를 저지르는 것이다.

당신의 딸이 이런 상황에 빠져 있다면, 다음과 같이 할 수 있다.

1번, 무엇보다 먼저 아이에게 공감을 표현해라. "정말 끔찍하구나. 엄마도 비슷한 일을 겪은 적이 있어." "엄마 친구도 비슷한 일을 겪었단다. 그게 얼마나 힘든 일인지 알아. 정말 유감이야."

2번, 지나치게 흥분하지 마라. 너무 많은 질문을 퍼붓고 매일 저녁 시간에 이 문제를 꺼내고 딸이나 교사, 상대방 아이와 그 부모에게 어떤 행동을 취하라고 성급하게 요구하지 마라. 일단 침착해라. 언젠가는 딸이 당신의 침착한 대응을 고맙게 여길 것이다.

3번, 5장에서 설명한 문제해결 과정을 통해 딸에게 약간의 힘을 실어줘라. 사회적으로 허를 찔리면 누구나 무기력감을 느낀다. 아이에게 약간의 힘과 자존심을 주고 자신에게 맞는 대응책을 선택하게 해라. 처음에 성공하지 못하더라도 다시 시도해보게 격려해라.

4번, 딸의 생활이 조금 더 편안해질 수 있게 다른 노력을 추가해라. 새 친구들을 초대해 같이 영화를 보여줘라. 근사한 레스토랑에 데려가라. 계속 적극적으로 활동하게 해라. 다른 곳으로 주의를 기울이면 큰 효과를 가져온다. 이런 과정과 더불어 딸이 평소보다 당신에게 화를 내는 일이 잦아지더라도 조금 더 아량을 베풀어라.

5번, 상대 여학생들을 호되게 비난하지 마라. 딸은 친구 선택에 관한 자신의 판단력을 향한 개인적인 공격으로 받아들일 것이다. 또 종종 다시 친해지는 여학생들을 봐왔는데, 그럴 경우 딸은 당신이 했던 말을 잊지 못할 것이다. 결국 당신의 비판을 피하려고 다시 만나는 친구들에 대해 이야기하지 않을 것이다.

6번, 딸에게 최후의 과격한 수단을 쓰지는 말라고 부드럽게 조언해라. 10대들의 우정은 수시로 극적으로 변하기 일쑤다. 딸이 소문에 굴하지 않으면, 다른 여학생들과 남학생들이 어지러운 상황에 대한 딸의 참을성을 보고 딸의 편을 들면서 오히려 좋은 결과로 흐를 것이다. '친절로 죽여라'는 훌륭한 좌우명이다. 그렇다고 아이에게 만만한 '호구'가 되라고 가르치라는 말은 아니다. 다른 사람의 수

준에 맞춰 똑같이 저급하게 대응하지 말라고 가르치라는 말이다.

7번, 시간이 흘러도 상황이 악화하면 더 강력한 행동을 취해라. 올바른 대응법을 위해 전문적인 상담사를 만나야 할 수도 있다. 도움이 될 것이다. 때로는 반을 바꾸거나 심지어 학교를 옮기는 것도 좋은 생각이다. 나라면 이런 방법을 쓰기 전에 사회적인 교육을 병행할 것이다. 어쨌든 한쪽 이야기만 들을 수는 없으므로. 어쩌면 딸도 알고 했든 모르고 했든 문제에 일부 책임이 있을지도 모른다. 그러므로 상담사와 이야기해보면 아이가 사회적으로 어떤 노력을 해볼 수 있는지 찾아내는 데 도움이 될 것이다.

8번, 새 친구들을 찾아보고 예전 친구들에게 억지로 돌아가려고 애쓰지 말라고 격려해라. 세상에는 좋은 사람들이 너무도 많아서 그렇지 않은 사람과 친구가 되는 문제로 걱정하지 않아도 된다.

마지막 조언, 이런 일이 생기기 전에 우정 달걀을 여러 바구니에 나눠 담으라고 격려해라. 무슨 말인지 알겠는가? "달걀을 모두 한 바구니에 담지 마라"라는 말을 들어봤을 것이다. 화창한 날 농장에서 갓 낳은 달걀을 바구니 가득 담아 자전거에 싣고 평화로운 길을 달리고 있다고 해보자. 햇빛이 반짝이고 나는 휘파람까지 불고 있다. 그런데 갑자기 자전거 바퀴가 길 한가운데 돌멩이에 걸려 넘어지고 만다. 나는 비틀거리다 땅바닥에 넘어지면서 온통 흙먼지와 달걀 범벅이 되고 만다.

우정도 달걀처럼 깨지기 쉽다. 한 무리의 친구들만 제한적으로 사귄다면 달걀을 한 바구니에 전부 담는 것과 같다. 친구들이 모두 같은 무리 안에 있는데 한 명이 도로에서 넘어진다면 전부 엉망이 된다. 초등학교 때 친구들과도 연락을 유지하고 옆반의 친구들과도 어울리고 동아리 팀원들과도 어울리고 각기 다른 사교집단의 친구들을 사귀도록 격려해라. 그러면 상황이 곤란해지거나 힘들어져도 아이가 기댈 곳이 많아질 것이다.

아들이 운동을 좋아하지 않아
동성 친구도 적고 인기가 없어요

제 아들은 아주 착한 아인데, 운동을 하지 않으려고 하고 관심도 없어요.
자연스럽게 남학생들과 친해질 기회가 없습니다.
아이가 친구들과 더 잘 어울리도록 도와줄 수 있을까요?

멋진 남자가 되는 건 한 가지 길만 있는 게 아니다

중학생 아들을 둔 부모들에게 자주 듣는 말이다. "우리 아들이 운동을 잘한다면 학교생활이 훨씬 수월할 텐데."

사실이다. 운동은 많은 남학생에게 통과의례다. 팀을 구성하며 얻는 교훈과 우정, 승리의 짜릿함은 값을 매길 수 없을 만큼 소중하다. 그러나 운동을 인기의 필수적인 요소로 찬양할 때 오히려 아들들에게 해를 끼칠 뿐이다. 멋져 보일 수 있게 아들이 개발할 수 있는 사회적 능력은 아주 많다. 여기 몇 가지를 소개한다.

1번, 악기 수업을 시켜줘라. 그것도 멋진 악기를 말이다. 다시 강조한다. 어떤 악기든 멋진 음악을 연주할 수 있도록 지원해라. 10대 남학생에게 기타나 드럼보다 멋진 악기는 없을 것이다. 자녀가 학교에서 인기를 끌도록 돕고 싶을 때 내가 추천하는 두 가지 방법이 바로 기타와 드럼이다. 만약 당신의 아들이 트롬본에 열정을 보인다면 '문화적으로' 적절한 악보를 지원해줄 수도 있다. 예를 들어 최근 유행하는 오디션 프로그램이나 예능 프로그램에서 트롬본을 연주한 연예인이 있는지, 인기 있는 곡을 트롬본으로 커버한 유튜브 영상이 있는지를 찾아볼 수 있다. 누군가에게서 생각지도 못한 악기와 음악이 등장하면 그 사람에게 신비한 매력을 느낀다.

2번, 돈을 벌고 관리하도록 해라. 멋진 성인에 대한 사회적인 기대치와 다르지 않다. 돈을 벌고 관리할 줄 아는 남학생은 유능한 리더의 인상을 풍긴다. 예를 들면 지나치게 생색내지 않으면서 방과 후에 친구들에게 선선히 토스트를 사줄 수 있을 정도라고 할까. 아들이 작은 아르바이트를 시작하게 도와주거나 집안일을 할 때마다 용돈을 주고, 또 투자에 대해 설명해주는 것도 좋다.

3번, 유머의 가치를 알려줘라. 재미있는데 멋지기까지 하다면 어떤 사람일까? 훌륭한 유머 감각은 용기와 지성과 자신감과 감정이입 능력이 필요하다. 최근 가족끼리 예능 프로그램을 보고 있었는데 남편이 아이들에게 장난이 재미있는 이유는 누구도 모욕당하지 않고 웃음거리로 전락하지 않기 때문이라고 설명해주었다. 10대 아이들이 좋은 유머 근육을 쓰기 위해 반드시 염두에 두어야 할 요점이다.

4번, 스포츠에 대해 이야기해라. **당신의 아들은 운동에는 특별히 소질이 없을지 몰라도 운동에 관한 어휘는 알고 있어야 한다.** 〈머니볼〉에서 피터 브랜드 역을 맡았던 조나 힐을 생각해보자. 사실 우리가 '실제로' 구기종목 같은 팀 스포츠를 하는 시간은 전체 인생에 비하면 아주 짧은 시간이다. 그러나 어른이 되면 스포츠 용어가 중요해진다.

5번, 물건 고치는 법을 알려줘라. 아들에게 자동차 오일 가는 법, 구멍 난 자전거 바퀴 고치는 법, 연료 주입하는 법, 와이퍼 교체하는 법, 날카로운 조리용 칼로 고기 자르는 법, 심폐소생술 등을 가르쳐줘라. 손으로 일하는 모습은 사회적 영역을 확대해나가는 인상적인 방법이다.

6번, 좋은 매너에 대해 설명해줘라. 아들이 밖에 나가 어떤 행동과 예의를 보여주는지 부모가 매번 알아챌 수는 없겠지만 아들에게 상대방과 시선을 마주치는 법과 절도 있게 악수하는 법, 다른 사람을 위해 문을 잡아주는 법, 반듯하게 서 있는 법 등을 제대로 가르쳐줘라. 어렸을 때부터 시작하는 게 좋다.

7번, 단체 스포츠 말고도 운동의 종류는 많다. 몸을 움직일 수 있는 다른 방식을 찾아보는 것도 좋다. 브레이크 댄스, 요가, 스케이트 보드, 하이킹, 양궁, 클라이밍 등 아들이 몸을 움직이는 것을 즐길 방법을 찾아라.

8번, 어느 한 분야에서만큼은 대체할 수 없는 사람이 되도록 응원해라. 어떤 분야에 관해서는 부정할 수 없는 최고여서 인정을 받는 사람을 한 명쯤은 알 것이다. 고교시절 우리 학교에는 책가방 대신 서류가방을 들고 다니며 학생회 활동에 열심인 남학생이 하나 있었다. 처음에는 다들 이 친구를 피하고 놀렸지만, 그는 정치에 대한 사랑을 포기하지 않았고 결국 학년 전체가 그를 중심으로 뭉치게 되었다. 당신의 아들도 자기만의 장기를 발견할 수 있게 도와주고 그 일에 열정을 쏟아 부을 수 있게 해라. 대회에 참가할 수도 상장을 받아올 수도 트로피를 받을 수도 있을 것이다. 우승은 귀중한 사회적 통화이자 자신감 향상의 요인이고 무엇보다 매우 멋지다.

아들의 학교생활을 돕는 그 밖의 방법들

아들이 가장 즐겁게 할 수 있는 일을 찾아내 더 깊이 즐길 수 있게 격려해라. 많은 부모가 이런 생각을 할 것이다. "우리 아들은 게임을 좋아하는데 그걸 열심히 하라고 격려할 수는 없잖아요." 그렇지 않다. 아들이 이 세상에서 그 무엇보다 게임을 좋아한다면 그래픽디자인이나 앱 개발, CG, 영화 제작, 혹은 특수효과 등 관련 분야로 열정을 확장시킬 수도 있다.

부모의 요구를 아이 몫으로 전이시키지 마라. 어떤 아이들은 굳이 많은 친구가 필요하지 않다. 내향적이거나 그냥 조용한 유형이라 친구가 많지 않아도 문제가 없다. 부모의 욕심으로 자녀가 인기가 많길 바라겠지만 아이가 개인적으로 자기 생활방식에 만족한다면 걱정할 게 없다.

아들이 인기가 없어 걱정이라면 시간이나 돈을 조금 써라. 유명

브랜드의 옷을 몽땅 사줄 필요는 없겠지만, 특정 브랜드의 운동화가 도움이 된다면 투자를 해라. 친구 집에서 자고 오게 허락해주고 적당한 간식을 사주는 게 도움이 된다면 가끔 친구들과 햄버거를 사먹으라며 용돈이나 쿠폰을 줘라. 이 연령대 아이들은 또래들 사이에서 어떻게 적응할 것인가를 끊임없이 고민 중임을 잊지 마라. 아이가 도움을 요청하면 편안하게 맞춰줘라.

마지막으로 한 가지, 어른이 되고 시간이 지나 고등학교 동창회에서 친구들이 모였을 때 가장 성공한 동창이 누구냐는 질문에 학창시절 가장 인기가 있었던 '상남자' 스타일의 남학생을 꼽는 경우는 거의 없었다. 운동에 열정을 품는 게 잘못은 아니지만, 운동이 그 사람의 정체성이 되어서는 안 된다. 수명이 매우 제한적이기 때문이다. 그러나 열두 살 남자아이가 그 사실을 체화하기는 어렵다.

나는 남학생을 위한 리더십 프로그램 이름을 철학자이자 작가, 신화학자인 조셉 캠벨의 저서를 바탕으로 영웅의 추구라고 지었다. 캠벨은 '너의 기쁨을 따르라'라는 말로 유명하며 모든 문화권과 시대를 망라한 보편적인 진실들에 관해 썼다. 그중 가장 흥미롭게 다가왔던 말은 남자아이들은 영웅이 되는 경험을 할 필요가 있다는 구절이었다. 모든 문화권에서 소년이 남자로 자라기 위해 필요한 요소가 '영웅적인' 모습이었다.

남자 중학생은 영웅이 되기 위한 일차적인 조건을 어떻게 성취할까? 반드시 집단의 안락함에서 벗어나 '원정'을 떠나 도전을 겪고 다시 승리를 거머쥐고 돌아오는 과정을 겪어야 한다.

던전앤드래곤과 같은 어드벤처 게임 이야기처럼 들릴 것이다. 그러나 현실에서의 실상은 그렇게 공상과학적이지 않다. 요즘 남자아이들은 성장에 관한 의식들이 사라져 힘들어한다. 중학생은 대체로 원하는 것이 생기면 원할 때 얻는다. 많은 부모가 좋은 행동을 보상하기 위해 혹은 규율과 자기통제를 가르치려고 장려책을 사용하고 있지만, 내가 말하는 것은 하루하루의 경과가 아니라 진정한 도전과 보상이다. 남자아이들은 도전을 통해 스스로에게 더욱 만족한다.

원정은 여러 가지 형태를 띨 수 있다. 부모는 가능하면 많은 형태의 도전, 즉 원정을 알아보고 성장 의식이 되도록 도와야 한다. 등반, 학교폭력에 맞서기, 조직 구성, 연설, 노숙자 쉼터 자원봉사 등은 모두 우리 아들들이 도전할 수 있는 개인적인 형태의 '원정'이다.

우리 부모들은 아들이 독립적으로 생각하고 행동하게 격려해야 한다. 아들이 남자로 자랄 수 있는 원정이라면 아들을 위해 새롭고 특별한 기회를 열어줌으로써 원정을 가능하게 할 많은 방법을 생각해봐라.

아이가 학교에서
놀림을 받고 있어요

제 딸이 학교에서 시달림을 당하고 있어요.
괴롭힘에 맞서게 해야 할까요? 아니면 학교를 옮겨야 할까요?
그냥 집에 있으라고 할까요? 어떻게 해야 좋을지 모르겠어요.
아이가 이 일을 극복할 수 있게 도와주고 싶어요.

중학교 학교폭력 문제에 대비하자

우선 아이가 이런 일을 겪고 있어서 유감이다. 학교폭력은 점점 흔한 일이 되어가고 있지만 그렇다고 해서 내 아이가 당할 때의 고통이 평범해지는 것은 아니다. 사랑하는 사람이 다른 사람의 사회적 이익을 위해 체계적으로 따돌림을 당하거나 학대나 모욕을 당한다면 누구나 심장이 밟히는 듯한 아픔을 느낄 것이다.

학교폭력은 너무도 불행한 일이므로 개념부터 확실히 정하고 넘어가야겠다. 학교폭력에 대한 대응은 민첩하고도 강력해야 하기 때문이다.

이번 장을 진행하기 앞서 학교폭력에 대한 정의를 정리하자. 내가 평소 중학생과 진행하는 수업에서 나는 학교폭력을 자신의 힘, 사회적인 힘이나 신체적인 힘을 이용해 반복적으로 누군가를 깎아내리거나 학대하거나 모욕을 주는 것이라고 정의한다.

학교폭력은 교육계의 뜨거운 주제고 지금은 학생들이 불편해하는 모든 상황에서 마구 사용하는 용어가 되어버렸다. 우리는 자녀가 또래들에게 제대로 대접 받지 못했다고 생각할 때마다 학교폭력을 당했다고 여기게 가르쳐서는 안 된다. '학교폭력'이라는 용어를 부정확하게 사용하면 폭력의 피해자가 아닌 사람도 지나치게 피해자로 만들어 진짜 학교폭력 피해자의 경험을 '과소평가'하게 된다.

내 아이가 정말로 학교폭력을 당하고 있는지부터 잠깐 생각해보자. 아이가 겪는 나쁜 일을 등한시하라는 말이 아니다. 그냥 아이의 상황에 맞춰 최선의 대응을 할 수 있도록 개념부터 명확히 짚을 필요가 있다는 말이다.

학교폭력은 정말로 심각한 문제이지만 엄마 입장에서 불쾌한 일을 모두 학교폭력으로 분류한다면 문제를 해결할 수 없다. 단 한 마디 말이라도 기분이 상하거나 상처나 당혹감을 안겨줄 수 있다. 학교폭력은 이보다 더 큰 일이다. 반복적으로 당하는 피해가 주는 상처는 훨씬 더 오래간다. 아이도 어른도 진짜 학교폭력과 성장기 아이들 사이의 다툼의 차이를 이해해야 아이들이 두 가지 상황에 모두 효과적으로 대응할 수 있도록 도와줄 수 있다. 두 가지 상황에 대한 예를 보자.

딸이 친구들끼리 집에서 모여 자는 파자마 파티에 초대받지 못했다고 해서 학교폭력을 당했다고 말하는 부모를 본 적이 있다. 딸이 예전에는 초대를 받았었고 또 여학생 무리와 친구사이였기 때문에 혼자 따돌림을 당한 게 학교폭력이라고 할 만큼 충분히 모욕적이고 비참했다고 생각한 것이다. 그 엄마는 친구들 무리에 낄 딸의 권리를 지키고 싶은 마음에 딸의 경험을 학교폭력으로 잘못 분류했고 딸을 피해자로 무리하게 규정했다.

　한편 한 사람에게 공동체 전체가 공격을 가하면 상황이 조금 달라진다. 사라가 어느 날 수학시간에 캐롤에게 놀림을 받았고 복도에서 나탈리에게 발이 걸려 넘어졌고 점심시간에 마거릿에게는 반밖에 차지 않은 탁자에 앉을 자리가 없다는 말을 들었으며 방과 후에는 샤나에게 불쾌한 문자를 받았다. 각각의 학생들이 사라를 반복적으로 괴롭히지 않았어도 사라는 학교폭력을 당했다고 말할 수 있을까. 물론이다. 사라의 관점으로 보면 연속적으로 학대를 당하고 있다고 느낄 수 있다. 더 큰 집단에 의해 피해를 받았고 탈출할 곳도 전혀 없으므로 더 그렇게 느낄 수밖에 없다. 이 경우 학교 측은 공감능력을 높이고 무례한 행동에 대한 대처를 강화하고 이런 식의 행동이 도미노 효과를 낳지 않도록 조치를 가할 필요가 있다. 이때 온정적이고 존경받는 교사들이 인성교육이나 사회적 리더십 교육을 한다면 큰 도움이 된다. 내가 마련한 사회적 리더십 교육과정에 대해 더 자세한 정보를 원한다면 웹사이트 'MichelleintheMiddle.com'을 참고하길 바란다.

만약 당신의 아이가 학교폭력을 당한다고 추정될 때 할 수 있는 일을 제안한다.

1번, 1부 5장에서 소개한 문제해결 과정을 이용해 아이에게 약간의 힘을 실어줘라. 아이가 반복적으로 학교폭력 대상이 되거나 혹은 또래로부터 간혹 무례한 말이나 행동을 당하고 있다면 무기력감을 느낄 것이다. 아이와 함께 브레인스토밍을 하면서 개인적인 힘을 회복하기 위해 가장 편안한 대응법이 무엇일지 생각해보자.

2번, 학교폭력에 대한 교직원의 경각심을 불러일으키고 지원을 해줘라. 아이가 안전한지 상황이 개선되고 있는지 보장하기 위한 정기적인 회의를 마련해라. 아이는 부모가 이런 일을 하고 있는지 몰라도 된다. 아이가 알면 당혹스러워할지 격려가 될지는 부모가 결정할 수 있다. 그렇더라도 부모는 학교와 직접적인 대화를 유지해야한다.

3번, 학교폭력 가해자의 부모에게 전화하지 마라. 아무런 효과가 없다. 오히려 이런저런 의견만 나와 문제가 더 흐려질 수 있다. 당장 가해자에게 벌을 줘서 아이의 앙갚음을 해주고 싶은 마음을 눌러 참아라. 만족스럽고 공정한 일 같지만, 결과는 절대로 좋을 리가 없다. 어차피 벌을 받을 것이니 침착히 대응해라.

4번, 아이를 지나치게 피해자로 만들지 마라. 자녀의 피해 사실에 대해 아이가 듣는 데서 다른 부모와 이야기를 나누지 마라. 자녀와 충분히 얘기하고 자녀가 원하는 방향으로 처리해야지 과도하게 흥분하며 대처해선 안 된다. 큰 소리로 걱정을 쏟아내면 오히려 자녀에게 부담감만 더할 뿐이다.

5번, 상황을 진지하게 받아들여라. 학교폭력은 비참하고도 장기적인 피해를 낳을 수 있다. 아이가 피해당하고 있다는 사실을 알게 되면 우선 공감부터 해주고 아이 편임을 분명하게 표현해줘라.

6번, 아이와 상담할 자격 있는 어른을 찾아라. 학교 상담교사는 이 일과 관계된 모든 아이들을 책임지는 사람이므로 내 아이에게 도움이 될 수도 있고 안 될 수도 있다. 학교에서 완전히 벗어난 외부 치료사는 100퍼센트 아이 편에 설 수 있다. 아이와 대화를 나누고 더불어 아이에게 대응책을 알려줄 수 있는 상담사를 찾아라.

7번, 우정을 키워줄 때는 창조성을 발휘해라. 따돌림을 당하는 상황에서도 대단한 회복력을 발휘하는 사람을 보면 놀랍다. 가끔은 좋은 친구 한두 명만으로도 힘든 시기를 거뜬히 헤쳐나갈 수 있다. 아이가 또래와의 우정을 공고히 할 방법을 찾아봐라. 아이가 학교나 방과 후 활동에서 만나는 어떤 사람하고도 친해지지 못한다면 창조성을 더 발휘해보자. 여름방학 동안 사촌을 당신 집에 초대해 함께 지내게 한다거나 캠프를 보낸다거나 학교폭력 피해 학생을 위한 특별 프로그램이나 사교 모임을 찾아봐라. 상황이 계속되면 전학을 시켜야 할지도 모른다. 그래도 괜찮다. 아이는 새로운 자신을 만들어내고 새롭게 명성을 쌓아 새 출발을 할 수 있다.

8번, 취미생활에서 기쁨을 찾을 수 있게 해라. 아이가 반복적으로 사회적인 재미를 찾을 수 있게 해줘라. 비디오게임이든 베이비시터 일이든 아이가 정말로 좋아하는 일을 찾아내고 아이가 다른 사람과 재미를 공유할 수 있도록 강좌를 듣거나 집단에 가입하게 격려해라.

9번, 인성교육이나 사회적 리더십 교육에 참가할 수 있게 해라. 부모가 먼저 마음에 드는 프로그램을 찾아내 학교나 스카우트 프로그램, 여름캠프, 청소년 단체 등을 추천해보자. 아이가 문제해결을 연습하고 다른 사람의 관점을 경험해볼 기회가 많을수록 학교폭력이 만연할 가능성이 줄어들 것이다.

어려운 문제인 만큼 가볍게 추천한 해법들이 아니다. 아이가 학교생활에 위기를 맞았을 때 부모가 허둥지둥 당황한 모습을 보이지 않는다면 문제상황에 대한 긍정적이고 침착한 대응의 본보기가 될 수 있고 아이도 자기회의에 빠지지 않게 해주며 둘 다 어려운 일을 헤쳐나가는 압박감을 덜 수 있다. 부모의 꾸준한 지지와 더불어 아이는 더 강인하게 가해자들에 맞서 문제를 해결해나갈 수 있다고 느끼기 시작할 것이다. 아이의 이런 모습을 보게 되면 부모도 아이 스스로 자신을 돌볼 수 있음을 알고 안심할 수 있을 것이다.

내 아이가 학교폭력 가해자 혹은 재수 없는 일진일 때

한 친구에게서 자기 아들이 학교 남학생들에게 연달아
불쾌한 문자를 받았다는 이야기를 듣고 딱하게 여기고 있었어요.
그런데 당혹스럽게도 제 아들이 그중 하나라는 것을 알게 되었답니다.
어떻게 하면 좋을까요?

뭐라고요? 우리 애가 일진이라고요?

정말이지 힘든 문제가 아닐 수 없다. 앞장에서 말했듯 일단 아들이 어떤 행동을 했는지 정확히 파악하는 게 중요하다. 아들을 학교폭력 가해자로 분류하기 전에 단 한 차례 일어난 일인지, 반복적으로 한 대상을 가해하고 있는지부터 알아봐야 한다. 엄마, 아빠 입장에선 이게 학교폭력이든 단순 장난이든 빨리 가해 행동을 중단시키고 싶을 것이다.

가장 먼저 아들과 대화를 나눠 아들은 이 상황을 어떻게 여기는지부터 알아봐라. 아이는 자백하고 나서 안도할지도 모른다. "그 애가 얼마나 못됐는데요! 자기 가족은 완벽한 척하면서 우리 가족을 놀렸단 말이에요!"처럼 일종의 합리화를 시도할 수도 있다. 직접 얘기를 해보면 아이도 이 일에 대해 감정적인 갈등을 느끼고 있음을 알게 될 것이다. 학교폭력 가해자로 비난받을 때 감정적으로 격렬하게 반응하는 아이가 별일 아닌 것처럼 구는 아이보다 덜 위험하다. 아이의 행동은 어쩌면 불안정과 분노, 의심으로부터 나왔을지 모른다. 감정적인 지지를 받고 치료사와 일대일 상담을 받으면 말과 행동으로 다른 사람에게 상처를 가하지 않아도 자신의 분노를 해소할 줄 알게 될 것이다. 이 경우 당신은 적어도 아들이 일부러 못된 짓을 했다거나 음모를 꾸미거나 잔혹한 짓을 하고 싶었던 게 아니라 부당함을 느껴 과하게 행동했다는 것을 알게 될 것이다.

아이가 학교폭력 가해자로 비난받는 것에 대해 감정적으로 동요하지 않는다면 오히려 더 관심을 기울여야 한다. 잘못된 행동을 부인하거나 오해를 받아 충격을 받은 척 행동하는 아이가 학교폭력 가해자일 확률이 높다. 주변에 공연히 문제를 일으키는 것을 즐기는 사람이 있는가? 그는 잘못된 행동을 은폐하려고 재빨리 상대에게 사과하는데, 그 모습이 착실하게 보일 순 있다. 그는 이렇게 말할지도 모른다. "와! 그 친구가 그렇게 예민하게 굴지는 몰랐어요. 그애는 정말이지 뭐든 지나치게 개인적으로 받아들인다니까요. 내일 사과할게요." 이건 상대방의 상처를 무시해버리는 태도이고 상대가 '유머감각'이 부족할 뿐이라고 오히려 비난하는 것이며 사과 한마디면 모든 게 해결된다는 식이다. 이런 식의 반응을 고쳐주려면 더 많은 노력과 훨씬 더 면밀한 관찰이 필요하다.

이때 당신은 아이의 온라인상 의사소통을 자세히 살펴볼 필요가 있다. 그러려면 아이가 사용하는 모든 기기에 접근할 수 있어야 한다. 당신이 아이의 아이패드 사용요금을 내주지 않더라도 부모로서 집안의 모든 기기 사용을 규제해야 한다. 정기적으로 아이의 스마트폰이나 태블릿 등을 확인하고 적절하게 사용하고 있는지 알아봐야 한다. 아이가 증거를 삭제했을 수도 있지만, 뭔가 주의가 필요한 내용물을 발견하게 되면 당신은 양육상 그것에 대해 물어볼 책임이 있다.

청소년도 인간이다. 누구나 한두 번쯤은 실수를 저지른다. 특히 중학교 시기에 그렇다. 어릴 때를 생각해보자. 반에서 누군가 놀림을 당할 때 대부분은 웃기만 했고 이런 상황을 불편해하는 아이를 옹호하는 또래들은 거의 없었다. 또 자기와 다르다는 이유로 누군가를 따돌리기로 의도적인 결정을 내린 이들도 있다. 일부는 더욱 적극적으로 나서 때리거나 소문을 퍼뜨리거나 끔찍한 별명을 지어냈다. 중학교 시기에는 모든 아이에게 약간의 아량을 베풀어야 한다. 새로운 정체성을 개발하기 위해선 온갖 종류의 사회적 지위와 도구를 시험해봐야 한다. 어지러운 일이니 만큼 실수가 생기기 마련이다. 아이가 실수했을 때 심지어 다른 아이에게 상처를 주었을 때조차도 용서와 이해를 보여주는 게 더 좋은 행동의 본보기를 보여줄 좋은 방법이다.

증거가 있거나 없거나 당신의 자녀가 가해자이거나 다른 아이에게 상처를 주는 행동을 했다는 사실을 알게 된다면 다음과 같이 조치해라.

1번, 아이의 관점으로 상황에 대한 이야기를 듣고 이성적으로 아이의 반응을 평가해봐라.

2번, 다른 사람을 향해, 특히 나와 달라 보이거나 유독 예민하거나 남보다 약한 사람도 존중으로 대하라고 행동양식을 분명히 정해줘라.

3번, 가장 착한 아이도 다른 사람에게 상처를 줄 수 있고 심지어 반복적으로 그럴 수 있음을 인정해라. 그렇다고 그게 영원히 아이의 성격으로 자리잡지는 않는다.

4번, 용서의 본보기를 보여주고 아이가 아무리 실수를 했더라도 여전히 사랑하고 지지한다는 사실을 알려줘라.

5번, 다른 가족들에게 증거를 탐문하지 마라. 다른 사람들의 일이 아니다. 증거가 당신의 집에 있거나 당신에게 전달된다면 괜찮다. 그러나 일부러 파헤치고 다니지는 마라. 그러면 너무 다양한 견해를 듣게 되어 문제가 혼란스러워질 수 있고 공개적으로 아이를 모욕할 위험도 있다. 다른 사람에게 '증거'를 찾지 말고 자신의 판단력을 신뢰해라.

6번, 감정에 치우치지 않으면서 엄격한 결과를 지워줘라. 행동에 대한 책임은 아이의 행동과 결부시켜야 한다. 예를 들어 아이가 스마트폰 메신저로 누군가를 괴롭혔다면 스마트폰을 아이에게서 빼앗아야 한다. 아이가 축구경기 도중 사이드라인에 서서 모욕적인 말을 했다면 경기가 끝나고 나서 쓰레기를 치우는 자원봉사에 나서야 한다.

7번, 괴롭힘을 당한 상대 아이의 허락을 받지 않은 상태에서 당신의 자녀를 공개적이거나 개인적으로 사과하게 시키지 마라. 부모들은 보통 이렇게 말한다. "내가 우리 아이를 그 아이 집으로 보내 직접 사과하게 시켰어요." 그러나 내가 상대방 아이라고 생각하면 오싹 소름이 돋는다. 만약 가해 학생이 찾아와 진심 어린 사과를 하는 척한다면 차라리 죽고 싶을 것 같다. 먼저 전화로 사과하게 하는 게 좋다. 나라면 분명하게 글로 쓰게 한 다음 통화하는 도중 옆에 서서 어깨너머로 지켜볼 것이다. "직접 만나 사과하고 싶지만 내가 아무 말도 없이 불쑥 나타나면 네가 당황할까 봐 먼저 전화부터 했어"라고 말하게 해라.

내 아이가 일부러 다른 사람에게 상처를 준다면, 아이 역시 어떤 식으로든 상처를 받고 있을 확률이 있단 걸 잊지 마라. 물론 아이의 행동은 반드시 관심 있게 다루어 교정해야 한다. 그러나 온정과 공감으로 문제를 다뤄야 한다. 그래야 단지 벌을 받는 것에 그치지 않고 교우관계에서 발생한 문제를 더 잘 이해할 수 있게 된다.

아무리 봐도 이상한데
자기 스타일대로 옷을 입어요

제 딸이 '사복 데이'에 정말이지 이상하고 어울리지도 않는
옷차림을 하고 방에서 나왔어요. 부모 자식 간 전쟁을 일으키지 않고
어떻게 학생다운 옷을 입게 할 수 있을까요?

중학생 자녀와의 패션전쟁을 피하려면

솔직히 나도 중학교 3학년 때 배기 바지와 볼레로 재킷과 브로
치를 차고 학교에 갔다. 그 모든 걸 한꺼번에 하고 말이다. 변명하자
면 당시 꽤 부푼 파마머리를 하고 있어서 균형을 맞추려면 목 아래
쪽으로도 부풀릴 필요가 있었다. 또 한동안은 페인트가 묻은 멜빵
바지를 한쪽 어깨끈만 내린 채 입는 차림새에 푹 빠져 있었다. 유치
원생도 아니면서 말이다.

당신도 어린 시절 앨범을 넘겨보면 자기만의 보물을 발견하게
될 것이다. 어쩌면 당신 어머니에게 이렇게 말할지도 모른다. "세상

에 이렇게 입고 다니게 놔두었다니, 믿을 수가 없어요!" 우리가 중학생이던 시절 조금은 바보처럼 보였다는 것이, 부모님이 내가 패션 실수를 저지르게 '놔두지만은' 않았다는 것을 까맣게 잊고 사는 걸 보면 우습지 않은가? 당신의 부모님도 '분명히' 진저리를 치며 당신을 말렸지만 단지 당신이 어떤 말도 귀담아듣지 않았을 뿐이다.

중학교 시절 고유한 정체성을 개발한다는 게 얼마나 중요한 임무인지 이미 살펴보았다. 새로운 옷을 입어보는 것만큼 쉽게 정체성을 시험해볼 방법이 또 어디에 있겠는가? 이 말인즉슨 안타깝게도 한동안은 자녀의 괴상한 패션을 지켜봐야 한다는 뜻이다.

당신은 아이의 패션감각을 통제할 수 없다. 아이의 패션감각을 부모 뜻대로 조정할 수 없다는 걸 빨리 깨달을수록 마음이 편해질 것이다. 나는 어쩌다가 아마포 정장과 파스텔 색상이 패션 풍경의 큰 부분을 차지해왔던 도시에 살고 있다. 화사한 파스텔 색상의 의류를 만들었던 디자이너 릴리 퓰리처의 나라에 살고 있을지 몰라도 나는 언제나 검은 티셔츠와 낡은 청바지를 입는 여자애였다. 우리 아이들이 어렸을 때 유치원 남자아이들이 아기용 윗도리와 바둑판 무늬 내리닫이 옷을 입고 다니는 것을 보고 깜짝 놀랐다. 어떤 엄마가 이렇게 말한 적도 있다. "우리 애 사이즈를 찾기가 너무 어려워요!" 그 이야기를 듣고 아이스티와 함께 침도 꿀꺽 삼켜야 했다. 당시에는 어떻게든 부모 뜻대로 입혔을지 몰라도 중학생 자녀에게 자녀가 원하지 않는 옷을 억지로 입힐 수는 없다. 자녀와의 전투에서 부모가 이긴다고 해도 반드시 대가가 따른다. 아이가 불손한 태도를 보이든지 혹은 자유를 빼앗긴 불만스런 표정으로 굴복하든지 할 것이다. 어느 쪽도 부모와 자식 간의 관계에 악영향이다.

○●● 자녀는 당신의 액세서리가 아니다. 아이가 어떤 옷을 입고 싶어 하든지 자신만의 의견을 가지게 되면 인정해줘야 한다.

아이가 어떤 옷차림을 선호하든 부모는 받아들이고 뒤로 물러나야 한다고 말했지만, 때와 장소에 맞는 옷차림, 즉 예의범절과 존중에 관한 지침과 규칙은 분명히 정해서 알려줘야 한다.

중학생 자녀가 자유롭게 옷을 입게 허락하되 몇 가지 규칙을 정해라. 그런 다음 옷을 사러 가기 전에 미리 아들이나 딸과 그 규칙에 대해 대화를 나누어라. 쇼핑몰에 가서야 허락할 수 없는 옷차림에 대해 언급하면 반발만 살 것이다.

아이에게 선택권을 주면서 동시에 패션에 관한 체계를 세울 한 가지 방법이 있다. 아이가 참석할 행사의 종류에 따라 선택권을 주는 방법이다. 나는 크게 3가지로 '때와 장소'를 구분해 자녀들과 옷 입는 문제로 언성을 높이거나 전쟁이 일어나는 걸 피한다.

드레스코드에 따른 데프콘은 다음 3단계로 나눈다.

데프콘3: 완전히 자유롭게 입을 수 있고 심지어 옷이 망가져도 괜찮은 단계이다. 바다에서 놀 때나 봉사활동에 참가하거나 그림에 색칠하고 있을 때다. 옷이 찢어지거나 얼룩이 묻거나 심지어 완전히 망가질 수도 있으니 더러워지거나 버려도 아쉽지 않을 옷을 자유롭게 입는다.

데프콘2 : 살아가면서 만나는 대다수 행사가 2단계다. 사복을 입고 학교에 가거나 친구 집에 저녁을 먹으러 가거나 영화를 보러 가는 일 등이 2단계에 속한다.

- 여학생의 경우: 꽉 끼는 옷과 헐렁한 옷을 짝을 지어 입는다. 스키니 바지를 입으면 상의는 헐렁하게 입어라. 상의로 탱크톱을 입으면 헐렁한 치마로 짝을 지어라. 단, 이건 지침이지 규칙은 아니다.
- 불쾌하거나 성적인 암시를 주는 말이나 이미지가 있는 옷은 입지 않는다.
- 탱크톱도 괜찮지만, 셔츠 없이 캐미솔만은 안 된다.
- 몸을 숙였을 때 속살이 너무 많이 보이는 반바지나 치마는 안된다.
- 앞으로 숙였을 때 너무 많이 드러나는 셔츠는 안 된다. 필요하면 캐미솔을 이용해라.
- 악취나 불쾌한 얼룩은 안 된다.

데프콘1 : 친척집에 방문하거나 멋진 레스토랑에서 가족 행사를 할 때 등 중요하고 의례적인 행사다. 가족에 따라 주말 예배나 조부모댁에 가는 것도 포함될 수 있다. 이번 단계는 2단계의 지침과 함께 다음 지침을 포함한다.

- 남학생의 경우 옷깃이 있는 셔츠를 입는다.
- 아무것도 씌어 있지 않은 옷을 입는다.

- 여학생의 경우 원피스를 입을 수 있다. 멋진 바지도 좋다.
- 운동복이나 트레이닝복은 안 된다.
- 행사 전 깔끔하게 샤워하고 씻는다.

가족에게 맞는 패션 데프콘 단계를 만들어라. 중요한 것은 옷을 입어보거나 사기 전에 미리 규칙을 세워두는 것이다. 쇼핑 전에 지침을 마련하지 않으면 "왜 그런 옷을 사려고 하니!"나 "아무거나 입게 좀 놔둬요!" 같은 고성방가 전쟁이 일어날 것이다.

옷을 사러 가기 전에 이러한 단계를 설정했다면 아이에게 '2단계용 대부분과 1단계용 조금을 고를 수 있다'고 말하면 된다. 아이가 규칙을 따라준다면 2단계와 1단계 안에서 자기 스타일을 표현할 여지를 줄 수 있다. 각 단계를 인쇄해서 주면 옷을 사러 갈 때 들고 갈 수 있다. 그러면 부모는 계속 '안 돼'라고 말하고 자녀는 결국 신경질을 터뜨리는 상황을 면할 수 있을 것이다. 부모가 정해준 항목에 기초해 자녀 스스로 어떤 옷이 괜찮고 어떤 옷은 안 될지를 결정하게 해라.

가정에서 옷차림과 관련한 분쟁이 자주 일어난다면 다음과 같이 해볼 수 있을 것이다.

1. 쇼핑 전 미리 옷차림에 관한 지침과 규칙을 세워라.
2. 아이가 어떤 패션을 선택하든 부모의 양육관이나 개인적인 스타일에 대한 반영으로 받아들이지 말고 자녀가 정체성에 관한 건강한

실험을 하고 있다고 생각해라.

3. 옷을 고를 때는 너그럽게 봐줘도 행사나 상황에 따라 적절한 옷을 고를 수 있도록 지침을 강화해라.

4. 당신이 중학교에 다닐 때 패션에 관해 어떤 실수들을 저질렀는지 돌이켜보고 아이에게 옷차림에 관한 규칙을 제시할 때는 공감부터 해줘라. "무엇을 입을지는 네 자유지만, 몸을 숙이면 안이 너무 많이 보여. 셔츠 밑에 탱크톱을 입으면 다른 말은 절대로 하지 않을게. 그런데 치마가 정말 잘 어울리는구나."

마지막으로 한 가지 더, **자녀가 어떤 선택을 하든 절대로 옷차림을 체형과 연관지어서 말하지 마라.** 딸은 '엉덩이가 엄마를 닮아서' 그런 체형에는 더 헐렁한 치마가 어울린다는 말을 듣고 싶어 하지 않는다. 딸은 다른 아이들도 다 입는 스키니진이 입고 싶다. 그냥 놔둬라. 당신 눈에 끔찍해보여도, 심지어 실제로 그렇더라도 한 계절 스키니진을 입는 편이 앞으로 30년 동안 엉덩이가 너무 크다고 생각할 때마다 엄마를 닮아서 그렇다는 말이 저절로 떠오르는 것보다는 낫다. 누구나 그렇듯이 아이도 자기 몸에 가장 잘 어울리는 옷차림을 찾아내기 위해 수많은 시행착오를 겪고 또 겪어야 한다.

부모 몰래 뭔가를 하거나 거짓말을 해요

딸이 값비싼 제 셔츠를 빌려달라기에 안 된다고 했어요.
그런데 오늘 딸아이가 재킷 지퍼를 턱 끝까지 올리고 서둘러
집 밖으로 뛰어나간 후 옷장에 있던 제 셔츠가 보이지 않아요.

아이가 부모 뒤에서 몰래 뭔가를 한다면

전국의 가정에서 수백만 번도 더 펼쳐지는 시나리오다. 셔츠 훔쳐 입기만 있는 게 아니다. 학교에 화장하고 가기, 수업시간에 몰래 휴대전화 쓰기, 허락 없이 친구들과 놀러가기 등도 포함된다. 부모가 뭔가를 하지 말라고 했는데도 아이가 몰래 하는 상황이다.

아이들의 반항에 대해 그동안 내가 끊임없이 "정상입니다!"라고 말했듯이 여기서도 마찬가지로 당신을 안심시키고 싶다. 뭔가 아이의 버릇을 고쳐줄 재빠르고 강력한 대응법을 찾고 싶은 당신의 마음도 완전히 정상이다.

가장 먼저 심호흡을 해라. 당장 눈앞에서 벌어진 일이 아니므로 어떻게 반응할지 생각할 시간이 조금 더 있을 것이다. 버스정류장에서 공개적으로 망신을 주는 방식은 당장 분은 풀리겠지만, 자녀와의 관계엔 좋지 않은 영향을 끼칠 것이다. 당신은 자녀가 다시는 이런 일을 하지 않을 만큼의 죄책감을 느끼길 원한다. 그러나 당신이 소란을 피우며 반응하면 아이는 자기 체면 차리는데 급급해 죄책감을 느낄 새도 없을 것이다.

아이는 부모에게 복종하지 않아도 되는 양 행동하고 있지만 실제로 권력을 쥔 건 부모다. 그 사실을 기억하면 이 문제를 다루기 위해 필요한 정도의 냉정은 유지할 수 있을 것이다. 벌컥 화를 내는 순간 아이는 자신이 무엇을 잘못했는가보다 부모가 자신을 혼낸다는 사실에 더 집중할 것이다. 아이가 자신의 잘못된 행동에 집중하게 하려면 부모는 냉정하고 침착해야 한다. 물론 나 역시 그런 상황에서 냉정하고 침착하기가 말처럼 쉽지 않다는 것을 잘 안다.

위 시나리오에서 당신은 딸이 당신 셔츠를 입고 나갔다고 믿지만, 증거 없이 아이를 비난할 수는 없다. 곧바로 확인되지 않는 비난을 퍼부으면 당신은 모든 신용을 잃을 수 있다.

먼저 아이가 제방으로 들어가 옷을 벗어버리기 전에 셔츠를 확인할 수 있는 자리에 가 있어라. 동에 번쩍 서에 번쩍해도 좋다. 예컨대 같이 카페에서 아이스크림을 먹자며 버스정류장에서 아이를 기다려라. 얼마나 다정한 엄마인가? 당장 재킷을 세탁소에 맡기고 가려하니 벗으라고 해라. 비록 당신의 목적은 셔츠를 입은 아이의 모습을 현장에서 적발하는 것이지만, 표면적으로는 도움을 주려는 것처럼 보여야 한다.

울컥하고 싶은 순간에는 냉정과 침착의 본보기를 떠올려봐라. 영화나 TV 등장인물 중 어떤 도발을 받아도 침착함을 잃지 않는 사람을 떠올려보자.

〈폭력 탈옥〉의 루크 잭슨, 메리 포핀스, 클린트 이스트우드가 맡은 역할들, 〈헝거게임〉의 캣니스 에버딘, 내니 맥피, 〈다이하드〉의 존 맥클레인, 〈앤디 그리피스 쇼〉의 앤디 테일러, 〈코스비 가족〉의 클레어 헉스터블, 〈007〉시리즈의 제임스 본드, 〈스타트렉〉의 스폭, 〈해리포터〉의 알버스 덤블도어와 미네르바 맥고나걸 교수, 〈사운드 오브 뮤직〉의 마리아, 소설 〈앵무새 죽이기〉의 애티커스 핀치….

이중 가장 공감이 가는 사람을 골라 중학생 자녀를 훈육할 때마다 그의 성격을 빌려온다고 상상한다면 침착함을 유지하는데 도움이 될 것이다.

아이의 잘못된 행동에 대해 증거를 찾지 못했다면 넌지시 암시할 수 있다. 다시 말하지만, 증거도 없이 버럭 화부터 내면 어리석어 보일 뿐이다. 해당 문제와 가능한 결과를 암시하면 오히려 당신이 모든 걸 알고 있는 것처럼 보이고 힘도 있어 보인다. 예를 들어 "우리가 전에 나누었던 이야기를 생각해봤는데 말이야. 네가 엄마 셔츠를 빌려 입어도 되느냐고 물었는데, 내가 안 된다고 했잖아? 오늘따라 왜 그 셔츠 생각이 떠올랐는지는 모르지만, 혹시라도 네가 엄마한테 물어보지도 않고 그 셔츠를 몰래 가져가면 정말이지 기분이 나

쁠 것 같아. 너도 엄마가 묻지도 않고 네 물건을 가져가면 기분이 별로겠지?"처럼 말해라.

아이가 움찔하게 해라. 그런 다음 "뭐, 이런 이야기를 굳이 시간 들여 할 필요는 없겠지만, 그래도 한 번 더 말해두는 게 좋을 것 같아. 엄마는 그 셔츠를 빌려주고 싶지 않거든. 네가 나 몰래 뭔가를 하면 엄마는 굉장히 당혹스러울 거야. 알겠지?"라고 마무리해라.

증거는 없어도 아이가 당신 셔츠를 가져갔다는 것을 안다면 그냥 죄책감과 두려움만 심어줘라. 만약 아이에게 다른 방식으로 얘기하고 싶은가? 그러면 하소연 요법을 써봐라. "최근 엄마는 어떤 옷을 입어도 마음에 들지 않아서 기분이 별로 안 좋았어. 슬럼프인가 봐. 그런데 그 셔츠는 입는 순간 예뻐 보였던 몇 안 되는 옷 중 하나였어. 오늘 기분 전환을 위해 그 옷을 입기로 했단다. 그런데 어디에 두었는지 엄마 옷장에 그 옷이 안 보이지 뭐니?"처럼 말할 수 있을 것이다.

아마 아이는 엄마가 뭔가 눈치를 챘다는 걸 알아챌 것이다. 어떤 일을 벌였는지 알아도 증거 없이 곧바로 혐의를 뒤집어씌울 만큼 엄마가 어리석고 나약한 사람이 아니란 걸 아이에게 보여주는 셈이다. 아이는 이렇게 똑똑하고 세심한 엄마를 건드렸다는 생각에 겁을 먹을 것이다.

증거가 확실할 때는 어떻게 할까? 아이가 당신 셔츠를 입은 채 버스에서 내리는 모습을 보았다. 혹은 당신 앞에서 재킷을 벗게 했다. 이제 어떻게 할 것인가?

더는 암시를 줄 필요가 없다. 실제로 훈육을 할 수 있다. 벌은 실제 문제행동과 연관을 지어야 하고 그러려면 위반행위의 근본이 무엇인지를 알아야 한다. 예를 들어 당신은 "네가 엄마 셔츠를 몰래 입었으니 일주일 동안 네가 세탁기를 돌려야겠다"처럼 옷과 관련한 벌을 주고 싶을 것이다. 혹은 중학생에게 내리는 가장 인기 있는 벌로 아이의 휴대전화를 뺏을 수도 있다. 그러나 두 가지 모두 문제의 '근본'과 관계가 없다. 문제의 핵심은 불신과 거짓이다. 이 상황에서 나라면 이렇게 말할 것이다. "네가 엄마의 신뢰를 깨뜨렸으니까 다시 그 신뢰를 찾아야 해. 내가 다시 널 믿을 수 있는지 지켜보려면 집 가까이 있어야겠어. 다시 널 믿을 수 있다는 것을 보여주면 자유를 더 많이 누릴 수 있겠지. 그 말은 금요일 밤에 늦게까지 티브이를 볼 수도 없고 주말에도 집에 있어야 한다는 뜻이란다. 어서 가서 주말 약속 취소하렴."

아이가 당신 말을 따르지 않고 몰래 어떤 행위를 했다는 걸 알게 되면 다음과 같이 할 수 있다.

1. 행동에 나서기 전 심호흡을 몇 번 해라.
2. 추정에 근거해 벌주지 마라.
3. 벌을 줄 때는 문제의 근본원인에 맞게 해라.
4. 화를 벌컥 내지 않도록 침착하게 훈육하라.
5. 아이가 왜 그런 결정을 내렸는지 잠깐 동기를 헤아려보고 아이에게 도움이 필요할지 살펴봐라.

물론 아이는 계속해서 엄마, 아빠 몰래 뭔가를 할 것이다. 중학생 자녀가 당신에게 모든 걸 털어놓을 거라고 기대해선 안 된다. 자녀의 고백을 바라기보단 아들딸이 어째서 그런 행동을 하였는지 동기에 대해 생각해보는 게 좋다. 청소년의 발달단계를 생각했을 때 순전히 두뇌에서 작동한 충동 때문이었을 수도 있다. 어쩌면 부모와 떨어져 자신의 정체성을 찾기 위한 시도였을 수도 있다. 어쩌면 그 일이 아이에게는 정말로 중요한 일이었을지도 모른다. 그렇다면 왜 아이에게 그토록 중요한 일이었는지를 헤아려봐라. 학교의 누군가에게 잘 보이고 싶었던 걸까? 자기 옷은 어울리지 않아 당혹스러워하고 있나? 아이가 입고 다니는 브랜드 때문에 놀림을 받고 있나? 더 큰 문제의 근본원인을 찾아낼 수 있다면 이 사건은 성가시고 짜증스러운 일이 아니라 오히려 부모, 자식간의 사이를 발전시키는 유용한 계기가 될 수도 있다.

스마트폰을 사주기 적당한
나이는 언제인가요?

중학생 아이가 스마트폰을 사달라고 조릅니다.
스마트폰이 없는 사람이 자기뿐이라는데
저는 아이가 망가지는 것을 원치 않아요.
이 나이에 스마트폰이 정말로 필요할까요?

스마트폰 세대 아들딸과 스마트폰 세상에 살기

중학교는 많은 것이 새로 시작되는 시기라서 종종 이런 질문을
받는다. "아이에게 이걸 허락해도 좋은 적정 나이는 언제입니까?" 면
도부터 소셜미디어, 남학생-여학생 파티, 스마트폰에 이르기까지 중
학생 부모에게 쏟아지는 '첫 번째'가 무척 많다. 이런 것들을 결정할
때마다 당신은 가치관을 적용해 어떤 것이 실용적이고 적절할지를
가늠할 것이다. 일단 나는 아이가 또래 사이에서 사회적으로 인정받
을 수 있게 도와주는 쪽을 찬성한다. 아이들은 친구들 사이에서 배
척당하는 걸 굉장히 걱정한다. 아이가 부모에게 표현하든 하지 않든

아이는 매일 자신이 주변 아이들과 비교해 무리 안에 '정상적'으로 어울리고 있는지 수시로 평가한다. 신체와 두뇌와 정체성이 한창 발달 중인 만큼 걱정거리도 많아진다. 이때 아이에게 스마트폰을 허락한다면 아이는 또래 사이에서 자신이 수월하게 어울릴 수 있다 느끼고 안도할 수 있다.

그렇다면, 아이에게 스마트폰을 허락할 만한 적정 나이는 언제일까?

양육에 관한 모든 선택이 그렇듯이 휴대전화도 아이의 성숙도에 따라 결정해야 한다. 스마트폰은 값이 비싸다. 가장 먼저 고려해야 할 점은 아이가 일주일 안에 스마트폰을 잃어버릴 것인가 아닌가이다. 모든 아이는 언젠가는 스마트폰을 잃어버리거나 고장낸다. 아이가 적어도 6개월 동안은 잃어버리지 않을 것 같다면 그때가 합리적인 출발점이다. 일단 가장 값이 싼 모델부터 시작해라.

값이 나왔으니 말인데, 아이의 첫 스마트폰은 부모가 사주는 게 좋다. 그래야 소유권이 부모에게 있어서 필요할 때 휴대전화 사용을 관리할 수 있다. 아이가 용돈을 모으거나 벌어 값을 내게 되면 소유권과 재산권에 대해 아이와 솔직하게 대화를 나누어라. 논리와 증거 없이 오직 열기만을 가지고 아이와 말다툼을 벌이는 것만큼 재미없는 일도 없다! 첫 번째 스마트폰 이후로 새로 살 기기에 대해서는 어떤 식으로든 아이가 비용을 부담하는 방식을 만드는 것이 좋다.

다음으로 아이가 정말로 스마트폰이 필요한지를 고려해야 한다. 방과 후 활동이 끝나고 당신에게 전화하기 위해 사용할 것인가?

방과 후에 집에 가면 혼자 있어야 하는가? 어쩌면 순전히 사교를 위해서만 사용될지도 모른다. 비록 순전히 사교를 위한 도구로 쓰일지라도 이 나이대 사회적, 감정적 발달을 고려하면 사회적 결합과 인정은 반드시 필요한 일임을 잊지 마라.

알고 있다. 당신은 여전히 정확한 연령대를 알고 싶어 한다. 단도직입적으로 알려 주겠다. 중학교 1학년이다.

돈과 성숙도가 걱정할 요소가 아니라면 스마트폰을 가질 적당한 시기는 중학교 새내기 정도라 할 수 있다. 가족끼리의 소통을 위해 필요하다면 이보다 조금 더 어릴 때 줘도 좋다. 중학교 시기는 아이의 성숙도에 맞춰 책임감이 필요한 일들을 인정해주기 좋은 시기이다. 아이에게 스마트폰이 있으면 자전거를 타고 학교에 가거나 동네를 돌아다녀도 더 편안하게 허락할 수 있다. 나는 요즘 중학생들이 이런 식의 자유를 충분히 누리지 못하고 있다 생각한다.

아이에게 어느 정도의 독립성을 허락할 것인가의 여부와 상관없이 중학생 자녀에게 스마트폰이 생기면 좋은 점들을 살펴보자.

- 방과 후 활동이나 과외활동을 시작할 때와 끝낼 때 융통성이 생긴다. 계획이 바뀌더라도 연락할 수 있어서 좋다.
- 아이 스스로 사교에 대한 계획을 세우기 시작한다. 딸이 카카오톡을 사용하지 못하면 친구들끼리 세운 계획에서 제외될 수 있다. 딸이 주도적으로 계획을 세우는 사람이 아니더라도 중학교는 대인관계를 본격적으로 배우기에 좋은 때다.

- 휴대전화는 독립심과 문제해결, 돈 관리—합의된 이용요금 안에서 어떤 유료 어플을 사용할 것인가, 자신감과 예의범절—이모한테 전화해서 친척 모임 때 몇 시에 모일지 물어볼래?—등을 가르칠 수 있는 훌륭한 도구이다.

아이에게 스마트폰을 허락할 것인가의 문제를 둘러싸고 부모들은 다음과 같은 걱정을 가장 많이 한다.

- 사이버 폭력이라는 끔찍한 새 세상이 열릴 거에요.
- 꼭 필요한 건 아니잖아요.
- 지나치게 응석받이로 키우고 싶지 않아요.
- 휴대전화에서 눈을 떼지 않는 아이로 키우고 싶지 않아요.

합리적인 걱정이다. 그러나 스마트폰을 허락하지 않는 것이 합리적인 해결책은 아니다. 첨단기술에 관해서 부모들이 잘못된 결과에 대한 걱정보다는 이 기술을 어떻게 효과적으로 사용할 수 있을지를 더 많이 생각하기를 바란다. 걱정되는 게 많다면 다음과 같이 휴대전화 사용에 관한 제한을 두는 방법이 있다.

1. "청소년안심팩을 설치해야 하고 비밀번호를 걸어두려면 엄마는 항상 네 비밀번호를 알고 있어야 해. 비밀번호를 바꾸고도 내게 알리지 않으면 그에 따른 결과가 따를 거야."

2. "나는 언제라도 너의 문자를 볼 수 있단다. 그러니 내가 봐도 괜찮은 문자만 주고받아라. 너의 사생활은 존중할 것이고 안전이나 도덕적인 문제가 있을 때만 너의 문자에 대해 이야기를 나눌 거야.

3. "스마트폰은 저녁 8시 이후에는 네 방에 둘 수 없어. 그 시간에는 안방에서 충전 상태로 있어야 해."

4. "스마트폰 이용은 우리 둘 다 새롭게 협의하는 중이야. 그러니 새로운 상황이 생기면 언제든지 휴대전화 사용에 관한 우리 가족의 규칙을 바꿀 수 있어."

예의범절과 안전에 관한 규칙을 만들고 개정하는 쪽이 첨단기기에 대해 무조건 '안 돼'라고 말하는 것보다 기술의 시대에 책임 있고 사려 깊게 의사소통 할 수 있는 아이로 키울 수 있는 더욱 효과적인 방법이다.

휴대전화 허용에 대해 단단히 쳐둔 장벽을 깨뜨릴까 말까 고민 중이라면 여기 몇 가지 고려사항을 살펴봐라.

1. 첨단기기에 관해 가장 겁이 나는 점들이 뭔지 세심하게 생각해보고 그 걱정거리들이 얼마나 현실적인지 솔직하게 검토해라.

2. 첨단기기 사용을 완전히 금지하기보다는 제한, 규칙, 의사소통 등의 양육기술을 활용해 걱정되는 점들을 완화해라.

3. 당신의 선택에 대해 다른 부모들이 어떻게 생각할지는 걱정하지 마라.

4. 다른 부모의 선택에 대해 비난하지 마라.

5. 아이 손에 기기를 쥐여주기 전에 기기 사용에 관한 규칙과 한계를 정해라.

6. 일상적으로 기기 사용을 관리, 감독해라.

7. 아이와 즐겁게 기기를 활용해라. 대화를 나누는 대신 가끔 카카오톡을 보내라. 재미있는 사진을 찍어 공유해라. 아이에게 장난전화를 걸어라!

8. 스마트 기기 사용법을 배우는 건 자녀 세대에는 필수다. 새로운 것을 배울 때 실수를 하는 것은 사람이라면 당연하다는 것을 인정해라.

우리 아이가 벌써부터
이성교제를 한다네요

딸아이가 어느 남학생과 '사귄다'는 뜻이 분명한 문자를
주고받는 것을 보았습니다. 중학교 1학년이
남자친구니 여자친구니 하기에는 너무 어린 나이 아닌가요?
제가 너무 이해도가 떨어지는 건가요?

중학생의 이성교제 이해하기

여자친구나 남자친구라는 말에는 너무도 많은 뜻을 내포할 수 있기 때문에 부모들은 겁을 내기 쉽다. 부모들로 가득한 공간에 귀여운 중학교 1학년 학생 두 명을 세워놓고 이 아이들이 '사귀는 중'이라고 말한다면 어떨까? 깔깔거리며 웃는 부모에서부터 화들짝 놀라며 '말도 안 돼!'라는 비명을 지르는 부모들까지 다양할 것이다.

단어의 정의가 느슨하다 보니 최악의 악몽부터 최고의 희망까지 어떤 것이나 상상할 수 있다. 그러므로 아이의 이성교제에 관해 주먹구구식으로 정의하기보다는 '사귄다'가 실제로 무슨 뜻이고 올해는 어느 정도까지 허락할 것인지 등을 구체적으로 정하는 게 좋다.

구체적으로 정하는 것은 잠시 후 살펴보기로 하고 우선 다음을 고려해보자. 당신은 아들이나 딸이 언제, 누구를 매력적으로 느낄지에 대해 아무런 힘을 행사할 수 없다. 이제 싹트는 낭만적인 교제에 관해서도 그렇지만 친구사이에 관해서도 마찬가지다.

○●● 우정은 이성교제의 전조이다. 중학생이 된 아이에게 더 이상 부모가 친구를 골라줄 수는 없지만, 자존감의 기본 토대는 마련해줄 수 있다.

이성교제는 우정과 밀접한 관계가 있으므로 부모가 이성교제에 어떻게 반응해야 하는지 알아보기 전에 기본적으로 이 시기 아이들이 친구를 선택할 때 어떤 일들이 벌어지는지부터 살펴보기로 하자. 아이가 중학교에 들어가면 부모가 싫어하는 사람들과 더 많이 어울리기 시작할 것이다. 부모는 이에 대해 알 수도 있지만 모를 수도 있다. 만약 아이의 소셜미디어 계정을 지켜보고 있다면 알 가능성이 당연히 커진다. 알게 되면 어떻게 할 것인가? 당신은 다른 아이가 내 아이에게 나쁜 영향을 미친다고 믿고 싶겠지만, 아이가 특정 아이들과 어울리지 못하게 막고 싶은 충동은 참아라.

○●● 자녀의 우정에 대해 '사람'이 아닌 '활동'을 제한하는 게 좋다.

아이를 또래 사이에서 빼내는 것보다 더욱 매력적으로 만드는 게 좋다. 엄마, 아빠 마음에 들지 않는 어떤 아이를 우리 아이가 좋아한다면, 그 아이의 영향력을 지켜볼 수 있게 집으로 초대해라. "월과 놀지 마"라고 말하는 건 좋은 생각이 아니다. "금요일 저녁에 월과 쇼핑몰에 놀러갈 수는 없어. 대신 우리랑 함께 영화를 보러 갈 수는 있어"라고 말하는 게 더 효과적이다. 대신 아이 바로 옆에 앉히지 마라. 아이가 왜 그래야 하냐고 묻거든 솔직하게 대답해라. "엄마는 월을 잘 몰라. 그 애의 행동과 선택이 걱정스럽구나. 그 아이에 대해 더 알아야겠어."

아이가 선택한 친구를 허락해야 친구와의 유희가 금단의 열매처럼 유혹적으로 느껴지는 것을 피할 수 있다. 사람 자체를 금지하면 역효과를 낳을 뿐만 아니라 그 사람에 대해 오해를 하고 있을 수도 있다. 혹은 그 친구가 변화할 수도 있다. 게다가 부모가 막든 안 막든 아이는 어쨌든 부모가 보지 않는 곳에서 그 친구와 시간을 보낼 것이다. 오래된 속담을 살짝 바꿔 말하자면 '아이의 좋은 친구는 가까이 두어라. 아이의 의심스러운 친구는 더 가까이 두어라.'

남자친구와 여자친구도 친구의 연장선이다. 이 나이대에는 "이성교제는 허락할 수 없어"라고 말할 수도 있다. 그러나 이성교제가 무슨 뜻인지 아이와 구체적으로 논의하지 않는다면 허울뿐인 엄포가 될 가능성만 커진다.

'사귄다'는 게 무슨 뜻인지 구체적으로 정해보자. 자녀는 심각한 수준까지 생각하지도 않는데 부모 마음대로 전혀 다른 것을 상상하면서 "절대 안 돼!"라고 소리부터 지르는 부모가 되어선 안 된다.

당신의 딸이 다음과 같이 해도 괜찮은가?

점심시간에 남학생 옆에 앉아도?

남학생과 손을 잡아도?

누군가를 남자친구라고 부르면서 학교 밖에서 그 아이와 단둘이 번화가를 돌아다녀도?

남학생과 보호자 한 사람과 영화를 보러 가도?

첫 키스를 했어도?

개념을 정확히 이해해라. **아이가 이성교제를 하면서 해도 되는 일과 해선 안 되는 일의 범위를 정하고 그것에 대해 아이와 대화를 나누어라.** 더 좋은 방법은 아들이나 딸에게 누군가와 '사귄다'는 게 무슨 뜻인지 직접 물어보는 것이다. 아이에게 '사귄다'는 뜻의 정의를 듣게 되면 당신의 걱정도 줄어들고 너무 많은 규칙을 세울 필요도 없을 것이다. 또 '사귄다'라고 말하는 게 적당한 용어인지도 물어봐라. 부모가 계속 잘못된 용어를 사용하면 아이도 그 이야기가 나올 때마다 진저리를 칠 것이다. 아이 입장에선 신체적 접촉까진 아니고 '썸' 타는 정도일 수도 있고, 요즘은 많은 중학생이 '사귄다'를 그저 '대화를 나눈다' 정도로 여기고 실제로 문자를 주고받는 것 정도로 생각하기도 한다. 그러니 구체적인 개념부터 이해해라.

아이가 부모 옆에 없을 때에도 아이의 행동을 일일이 지시할 수 있어야 한다는 말이 아니다. 그러나 분명히 아이의 생각을 안내해줄 수는 있다. 부모들이 자녀의 이성교제를 걱정하는 이유는 정말로 불편한 영역, 다시 말해 성에 관한 문제로 넘어가야 하기 때문이다. 딸이 키스를 시작하게 될 날짜를 달력에 표시해두지는 않겠지만 언제 어디서 심지어 어떻게 시작하는게 적절할지 생각해보게 도와줄 수 있다. 그게 부모가 할 수 있는 전부이므로 이 중대한 결정에 영향을 미칠 유일한 기회를 놓치지 않길 바란다. 아이들 대다수가 첫 키스를 중학교생 때 한다는 사실도 염두에 두어라. 그렇다고 아이가 반드시 중학생 때 키스를 하게 된다는 말은 아니지만, 또 아이가 첫 키스를 하는 게 부모의 승인에 달렸다는 말도 아니지만, 평균적인 통계는 알고 있어야 한다.

내가 이 주제에 관해 너무 논리가 빈약하다는 느낌을 받을 지 모르겠는데, 아이가 학교 시간 외에 어딜 가고 누구와 얼마나 오래 머무를 것인지는 여전히 부모가 결정해야 한다는 점은 분명히 밝혀두겠다. 당신이 결정하지 못하는 것은 3교시가 끝나고 수돗가 옆에서 아이가 누군가와 만날 것인가 아닌가이다.

아이가 누군가와 '사귀거나' '대화를 나누기'를 원하는데, 그게 문자 주고받기나 거리 공연장에서 옆에 나란히 서서 구경하는 것을 의미한다면 대수로운 일이 아니다. 그러나 아이가 이 관계에서 저 관계로 옮겨다니거나 다른 사람들, 활동, 학교숙제 등을 등한시하는 상태에서 남자친구나 여자친구와 단둘이 많은 시간을 보낸다면, 나라면 브레이크를 걸 것이다. 2013년 조지아대학교의 한 연구를 보면 중학교 초기에 이성교제를 시작해 높은 빈도로 이성교제를 지속한 아이들은 또래에 비해 학업능력이 떨어지고 청소년기 이후 음주나 마약을 하게 될 가능성이 두 배나 높다는 결과가 나왔다. 연구자들은 둘 사이의 상관관계가 고위험도 행동에 끌리는 경향성이라고 추측했다. 그러므로 이성교제가 학업과 우정과 장래에 영향을 미칠 수 있음을 생각하면 가능한 오랫동안 아이에게 불필요한 위험을 미루게 할 것이다.

아이가 습관적인 이성교제를 하지 않는다면 '이따금' 하는 중학교 이성교제가 아이에게 안겨줄 좋은 점들도 있다. 일단 중학생 자녀에게 남자친구나 여자친구가 있으면 개인적으로나 사회적으로 자신감이 생길 수 있다. 반대편 성과 인간관계를 맺는 연습을 할 수 있다. 반대편 성에게 성격의 다른 면을 보여줄 수 있다. 예를 들어 남학생은 거친 남자처럼 굴지 않아도 되고 여학생은 여자아이들끼리의 환상에서 벗어날 수 있다.

아이가 남자친구나 여자친구를 원하면 다음과 같이 할 수 있다.

1. 누구와 '사귄다'는 게 무슨 뜻인지 아이에게 물어봐라.
2. 자연스러운 발달 과정으로 받아들여라.
3. 할 수 있는 행동의 경계를 정해라.
4. 아이가 친구들과 언제 어디에 갈 것인가에 대한 합리적인 제한을 정해라.
5. 아이가 스스로 그리고 주도적으로 관계에 대한 결정을 많이 내리게 될 것을 받아들여라.
6. 아이가 동의한다면 일찍부터―이성교제가 아이의 레이더망에 걸리기 전부터―아이가 이성친구에게서 찾는 특징들, 싫어하는 점

들에 대해 이야기를 나눠라.

7. 배우자나 친구들끼리의, 혹은 TV나 영화에서 보았던 존중을 바탕으로 하는 인간관계의 본보기를 보여줘라. 더불어 상호 무례한 관계의 예들을 가리켜 보여주면 아이도 교제를 시작하기 전 어떤 관계가 존중할만한 모습인지 균형 있게 알 수 있을 것이다.

중학생 자녀에게 어느 정도의 독립을
허락해야 하나요?

아들이 혼자서 쇼핑몰까지 3킬로미터를 자전거를 타고 가겠대요.
저는 친구들과 함께 가면 괜찮다고 생각하지만,
남편은 말도 안 된다고 생각합니다.

바깥세상은 크고 넓다

예상했겠지만 뻔한 대답으로 시작해야겠다. "아이의 성숙도와
동네 환경, 가족 등에 따라 다릅니다." 나보다는 당신이 아이와 개인
적인 상황을 더 잘 알 것이다. 하나마나 한 이야기는 그만하고 정말
로 당신이 들어야 할 내용으로 넘어가자.

'뭉치면 살고 흩어지면 죽는다'라는 말은 삶의 많은 단계에 대
체로 들어맞는 말이지만 청소년기에는 꼭 그렇지 않다. 2장에서 언
급했던 템플대학교 로렌스 스타인버그의 연구를 기억하는가? 똑같
은 위기 상황을 맞았을 때 혼자 있는 10대는 어른보다 위험에 뛰어

들 확률이 작았다. 그러나 또래와 함께 있는 10대는 혼자 있을 때보다 훨씬 더 많은 위험에 뛰어들었다. **10대는 또래에게 멋지고 유능하고 근사하고 용감하게 보이고 싶은 바람이 다치거나 외출금지를 당하거나 부모나 경찰에게 혼나는 두려움보다 더 중요하다.** 청소년기의 두뇌는 어른들이 만든 사회적 규칙을 따르는 쪽이 아니라 또래의 사회적 인정을 추구하는 쪽으로 설계되어 있다.

당신이 좌절감으로 고개를 떨어뜨리기 전에 왜 그러는지 일깨워줘야겠다. 당신의 아이는 머지않아 또래가 이끌어갈 세계에서 자기 자리를 찾기 시작해야 할 것이다. 인상적으로 돋보이는 존재가 될 방법을 일찍부터 찾지 못하면 영원히 당신과 함께 살게 될 것이다. 얼른 아이스크림과 TV 리모컨을 숨겨라. 아이는 어디로도 가지 않을 것이다. 하지만 자녀가 영영 부모 품에 있길 원하진 않을 것이다.

위험에 뛰어드는 행동이 청소년기에 중요한 특징이라는 사실을 인정하는 게 부모로서 고통스러울 수도 있겠지만, 우리의 최종 목표는 언제 어떻게 부모집 소파에서 벗어나기 위한(대학가기, 직장 구하기) 위험에 뛰어들지 아는 아이로 키우는 것이다.

독립성에 대한 질문의 근원에는 만에 하나 아이에게 나쁜 일이 생기면 부모가 책임을 져야 한다는 매우 당연한 두려움이 깃들어 있을 것이다. 우리는 아이들에게 일어난 끔찍한 범죄 기사가 범람하는 시대에 살고 있다. 부모라면 대부분 내 아이가 유괴당할 수도 있다는 공포심을 품고 있을 것이다. 그러나 실제로 그런 일이 일어날 가능성이 얼마나 될까? 미국에서 아이가 낯선 사람에게 유괴될 가능성은 0.00007퍼센트이다.

그보다는 훨씬 더 높을 것 같다고? 유괴사건이나 다른 아동범 죄 뉴스가 실제 사건이 일어나는 비율보다 훨씬 더 자주 들려오기 때문이다. 대부분의 아동 유괴는 가족이나 가까운 사람이 저지른다. 하지만 당신은 아이를 가족과 가까운 사람 곁에 두지 않는가? 당연 히 낯선 사람이 아이를 데려가는 것은 세상에서 가장 나쁜 일에 속 하겠지만, 실제로 우리는 아이를 매일 훨씬 더 위험한 가능성에 노 출하고 있다. 낯선 사람이 두려워 아이를 말 그대로 가택연금 상태 에 놔두는 부모들이 있다. 슬픈 일이다. 마음을 편안하게 하려면 레 노어 스케나지Lenore Skenazy의 책《자녀 방목하기Free-Range Kids》를 읽어 보길 바란다.

어쩌면 당신은 아이가 자전거를 타고 가다가 나쁜 일을 당할까 봐 두려운 것일지도 모른다. 아이가 도로로 자전거를 몰았다가 자 동차에 부딪칠 가능성 말이다. 이는 걱정할 만한 일이므로 아이의 안전을 위해 다음과 같이 할 수 있을 것이다. 하나, 자전거를 타고 가게 허락하기 전 부모나 다른 어른과 함께 자전거를 타고 가는 경 험을 반드시 해야 하고 교통규칙을 잘 이해하고 있는지 확인한다. 아이가 규칙을 안다고 말하는 것과 실제 행동으로 보여주는 것은 다르다. 특히 혼란스러운 상황에서도 제대로 대처하는지 봐야 한다. 둘, 중요한 지점인데 아이가 잘보이고 싶어 하는 친구와 절대 함께 보내지 마라.

아이들이 부모와 떨어져 보내는 시간이 필요한 이유는 단순히 아이가 즐거워하기 때문만은 아니다. 중학교 시기는 부모와 동떨어진 자신의 정체성을 개발하는 때다. 그때 부모가 일일이 경계의 눈초리를 보낸다면 뭐든 하기 쉽지 않을 것이다. 모든 결정이 평가되고 판단 받는다면 온전한 정체성을 개발하기 어렵다. 지나치게 관리당한 경험이 있는가? 그러면 성공하기 쉽지 않다. 아이는 부모에게서 독립한 자신이 누구인지 알아내고 강력한 자아의식을 개발하기 위해 부모와 떨어져 보내는 시간이 필요하다.

두 번째 이유는 독립이 유능함을 키워주기 때문이다. 아이들은 당연히 부모의 압력을 느끼지 않을 때 더 잘한다. 실제로 문제해결을 실천해봐야 문제해결을 더 잘하게 된다. 마이클 톰슨Michael Thompson 박사의 저서《향수와 행복Homesick and Happy》을 보면 수천 명에게 어린 시절 '가장 달콤했던 기억'을 떠올려보라고 물었을 때 80퍼센트가 부모의 감시를 벗어났을 때라고 대답했다. 아이들은 스스로를 지킬 수 있고 혼자서 뭔가를 해내는 성공적인 사람으로 느낄 수 있게 혼자서 도전을 극복해야 한다. 우리도 바라는 바가 아니던가? 한 번 확인해보자.

아이에게 독립을 더 허락할 것인가 고민 중이라면 다음과 같이 해보자.

1. 아동 안전을 둘러싼 실제 사실들을 알아보고 세상은 대체로 아이들에게 안전한 곳임을 깨닫자.
2. 때때로 아이 혼자 밖에 나가 세상을 즐기도록 허락해라.

3. 교통안전 수칙을 준수하는 법, 안 좋은 일을 당했을 때 대응하는 법, 도움을 요청하는 법 등 기본적인 안전규칙을 가르쳐라.

4. 일찍부터 자신감 있는 말투로 말하게 가르쳐라. '자신감 있는' 말투란 강하고 크고 분명한 말투를 말한다. 레스토랑에서 아이가 직접 주문하게 하거나 쇼핑몰에서 어른들에게 화장실 위치를 물어보게 하는 등 간단한 일부터 시작해라. 당신이 직접 해주고 싶은 충동을 참아라. 아이가 직접 해봐야 자신감 있고 성숙하게 의사소통하는 사람으로 자란다. 낯선 사람에게 유괴를 당하는 몹시 드문 경우에서 유괴범은 큰 소리나 자신감 있는 말투로 싫다고 말하지 못하는 아이를 대상으로 삼기 쉽다.

'독립성'이 부모에게 두려운 개념이 될 수도 있겠지만, 아이 혼자 용감한 일들을 해볼 기회를 찾아보고, 만들어보고, 적극적으로 환영하고, 축하해주라고 당부하고 싶다. 이렇게 할 때 아이의 책임감과 자신감이 더 높아질 수 있으므로 아이는 자랑스러워할 추억을 쌓을 수 있다.

형제자매 간에
매일 싸워요

열세 살 딸이 최근 남동생에게 못되게 굽니다.
화를 내고 놀리고 약을 올리고 중재에 나서면 불공평하다고 우깁니다.
집안의 긴장감을 견딜 수가 없어요.
'다정한 딸'과 '버릇없는 십 대'가 번갈아 나타나 종잡을 수가 없습니다.

쟤 내 방에서 끌어내요!

간단하게 말하겠다. 개입하지 마라. 아들을 생각하면 개입하지
않는 게 부당한 조치 같겠지만, 눈에 띄게 즉시 개입하지 말라는 말
이다.

딸이 과잉행동하는 이유는 많을 것이다. 당신의 말처럼 아이의
행동에 극단적인 변화가 보이면 아마 다른 곳에서 느끼는 긴장을
가장 안전한 곳에서 풀고 있을지도 모른다. 행운을 빈다. 딸은 상처
를 받아서 엉뚱한 곳에 화풀이하는 것일 수도 있다. 이때 아이를 벌
주면 단기적으로는 그 행동을 멈출 수 있겠지만, 문제의 근원을 고

칠 수는 없을 것이다. 어쩌면 딸은 단지 남동생을 도발하는 것을 좋아할지도 모른다. 그럴 때 남동생은 누나가 원하는 대로 반응하지 않는 법을 배워야 할 것이다.

그러므로 이번 기회에 자신에게 못되게 구는 사람을 외면하는 방식을 아들에게 가르쳐줘라. 이러한 기술을 배워두면 학교에서 비슷한 상황을 맞아도 제대로 대응할 수 있을 것이고 긍정적으로는 누나와의 일에서 부모가 개입할 필요가 없어질 것이다. 아이스크림을 사주거나 함께 특별한 산책을 하자고 아들을 따로 불러내 누나가 요즘 어떻게 행동하는지 알고 있다고 말해줘라. 누나의 행동은 누나의 문제이지 남동생의 문제가 아니라고 설명해줘라. 그러면 아들은 부모에게 뭔가를 요구할 것이다. "그럼 진작에 누나를 혼내줬어야죠!" 어쩌면 별로 신경 쓰지 않을 수도 있지만, 자신의 문제가 아니라 누나의 문제임을 알면 한결 기분이 나아질 것이다.

누나가 터무니없이 행동해도 화를 내거나 당황하지 않는다는 것을 누나에게 보여줄 수 있는 대응 방식을 가르쳐줘라. 동생 방식의 '보톡스 이마'라고 할 수 있겠다.

아들은 누나의 도발에 다음과 같이 대응할 수 있다.

- 웃으며 자리를 뜬다.
- 누나 말에 동의한다. 얼마나 힘이 빠지겠는가!
- 누나에게 기분이 괜찮은지 예의 바르게 물어본다.
- 사과한다.

- 어깨를 으쓱한다.

위 방법 중 어느 것을 써도 딸은 원하는 반응을 얻어내지 못했기 때문에 처음에는 짜증을 내고 비명을 지를지도 모른다. 그러나 몇 번 반복되면 딸도 남동생이 생각처럼 쉬운 상대가 아니라는 것을 알게 될 것이다. 아들이 계속해서 '중립적인' 반응을 보여 누나가 영원히 뒤로 물러나면 아들에게도 큰 보상이 된다. 학교폭력 가해자나 못된 친구들, 다른 적수들을 상대할 때도 효과적인 기법이다.

반면, 누나의 행동이 더 큰 문제를 암시한다고 생각해보자. 딸이 인생의 다른 영역(친구나 학교, 어쩌면 부모)에서 무기력감과 분노를 느껴 동생에게 과격하게 행동하는 거라면 단순히 동생의 대응만으론 부족할 것이다. 약간의 감정이입을 사용해야 할 수도 있다.

순간의 열기가 가라앉으면 딸에게 다가가 좀전의 행동에 대해 이야기를 나눠라. 힐난어린 말보다는 부드럽게 시작해보자. "남동생에게 화가 많이 난 모양이구나. 기분이 무척 안 좋아 보여서 혹시 다른 문제가 있나 하는 생각이 들었어. 친구든 학교든 가족이든 고민거리가 있으면 언제든지 나한테 말해도 좋아. 가끔은 마음속에 있는 말을 털어놓기만 해도 한결 나아진단다. 널 사랑해."

딸은 곧바로 이야기를 털어놓을 수도 있고 아직 준비가 안 되어 있을 수도 있다. 그러나 부모가 들어줄 준비가 되었다는 것만은 알게 될 것이다. 또 누군가 자신의 행동을 관심 있게 지켜보고 있다는 사실도 알게 될 것이다.

모든 방법이 실패하고 딸의 과도한 행동을 더는 참을 수가 없다면 3단계로 넘어갈 수 있다. 반사회적 행동은 반사회적 결과를 낳는다. 조용히 딸에게 다가가 개인적으로 다음과 같이 말할 수 있다.

"네가 여전히 남동생을 함부로 대하는 걸 봤어. 동생은 싸움으로 번지지 않게 네 행동을 받아들이려고 노력하는 것도 봤다. 혹시 다른 큰 문제가 있어서 힘든 건 아닌지 너한테 물어봤고 네가 말하고 싶을 때 언제든지 들어줄 준비도 되어 있단다. 그러나 네가 계속 무례하게 말하는 걸 듣고 있기가 점점 힘들어지는구나. 우리 집에서는 누구나 서로 공손하게 말해야 하는데, 너도 동참해주면 좋겠다. 그때까지는 네 방에서 혼자 책이나 읽으면서 지내렴."

스마트 기기를 빼앗고 아이가 계획한 특별한 행사도 금지해라. 아이가 공손하게 말할 준비가 되면 돌려줘라. 중요한 것은 이런 말을 할 때는 내내 차분한 표정과 말투를 유지해야 한다. 그래야 아이도 차분하게 상황을 받아들일 수 있다.

○●● 형제끼리 서로 좋아하게 만드는 것은 부모의 일이 아니다. 심지어 아이들이 사이좋게 지내게 하는 것도 부모의 일이 아니다. 그건 아이들의 일이다. 당신이 아이들 사이에 어떤 비교도 하지 않고 중립을 지킬수록 아이들도 서로 비교하지 않을 것이다. 그러면 자연스럽고 평화로우며 심지어 재미있기까지 한 형제관계가 이루어진다.

아이들이 종종 심하게 싸운다면 다음과 같이 해보자.

1. 서로 떨어뜨려 놓아라. 말 그대로 중립지대와 개별 방으로 분리시켜라.

2. 형제간 다툼에는 곧바로 반응하지 마라.

3. 형제간 행동에 대한 문제로 자녀와 얘기할 때는 각각의 아이들과 개별적으로 대화하라.

4. 아이들을 서로 비교하지 않도록 조심해라.

5. 아이에게 상황을 극적으로 키우지 않고 도발하는 형제에게 대응하는 법을 가르쳐줘라.

6. 도발 대상이 된 아이뿐만 아니라 화를 내는 아이에게도 감정이입을 해줘라.

7. 반사회적인 행동은 반사회적인 결과로 대응해라.

또래들이 좋아하는 걸
좋아하지 않아요

딸 친구들은 남학생이나 로맨스 소설에 관심이 많아요.
제 딸은 아직도 바비인형을 가지고 놀죠.
아이가 중학교에서 친구들에게 놀림 당하면 어떡하죠? 도와주세요.

중학교에서 편안한 자리를 찾을 수 있게 도와줘라

중학교 1학년 때 친구 하나가 더는 나처럼 놀고 싶지 않다고 했던 순간이 또렷하게 기억난다. 우리는 방과 후 집으로 달려가 〈우리 생애 나날들〉 후반부를 보곤 했다. 광고가 나오는 동안 우리는 '선생님 놀이'를 했다. 학교 선생님들을 흉내 내는 상상놀이였다. 그들은 수업 중에 별안간 방귀를 뀌기도 했고 서로 좋아하기도 했으며 큰 소리로 음식을 먹는 등 홀딱 깨는 인간적인 행동을 했다. 물론 실제가 아닌 상상이라 가능한 일들이었다.

선생님 놀이를 하다 보면 배가 아파질 때까지 웃곤 했다. 어느 날 광고가 나오는 도중 내가 자리에서 벌떡 일어나 상상놀이를 시작하려고 하자 한나가 말했다. "선생님 놀이 하지 말자. 재미없어." 나는 꽤 당황했던 것 같다. "재미있어"라고 대답했다. 모든 게 현실 같지 않았다. 나는 어느새 선생님 놀이가 재미없어진 다른 세상에 와 있는 건가? 어떻게 해야 좋을지 알 수가 없었다. 나는 곧장 새로운 대사를 시도하면서 선생님 놀이가 얼마나 재미있는지 한나에게 상기시키려고 했지만, 한나는 웃지 않았다. "그냥 드라마 시작할 때까지 광고나 보자." 한나는 TV를 보면서 말했다.

다시 자리에 앉아 오래된 지하실 소파에 몸을 묻고 탐폰과 섬유 유연제와 몇 가지 여성용품 광고를 보며 생각했다. "아니야, 이게 재미없어 한나 말은 틀렸어. 선생님 놀이기 더 재미있어." 그러나 한나의 말투와 표정을 보니 아무리 설득해도 겨우 며칠 전 배꼽을 잡으며 웃고 굴렀던 그 놀이를 다시 할 수는 없다는 것을 깨달았다. 그 애가 정말로 원하는 것은 블랙헤드 제거법과 남자애들한테 매력적으로 보이는 방법이었다.

그때 나는 한나에게 몹시 화가 났고 상처도 받았지만, 사실 아이들은 각자 다양한 속도로 발달하고 그게 잘못은 아니다. 또 이에 관해 부모가 할 수 있는 일도 거의 없다. 중학교 복도를 천천히 지나가보면 아이들 사이의 신체적인 발달의 차이를 쉽게 알아볼 수 있을 것이다. 어떤 아이들은 초등 3학년처럼 보이고 어떤 아이는 당장 운전을 할 수 있을 것처럼 보인다.

○◉◉ 중학교 첫날 딸에게 물었다. "그래, 중학교에 올라가니 뭐 놀라운 거라도 있디?" 딸은 명쾌하게 대답했다. "예. 콧수염이요."

어른들도 중학생 사이에 신체적인 차이가 매우 크다는 것을 당연하게 여긴다. 이제 신체적 차이에 가려진 아이들 내면의 성향들의 차이를 생각해보자. 그런 차이는 눈으로 보기 어렵기 때문에 로맨스 소설을 읽고 체육 시간이 지나고 나서 아이라이너를 다시 칠하는 게 여중생의 표준이라고 생각하기 쉽다. 그러나 중학교라는 거대한 바다에는 당신 딸처럼 아직도 화장은 '분장'이고 자기 머리보다 인형 머리 빗기는 게 더 좋은 여학생도 있을 수 있다.

남학생 역시 이런 문제로 고민한다. 물론 중학교에서 남학생은 여학생보다 사회적으로 덜 성숙하기 때문에 심각한 수준의 고민은 아닐 것이다. 중학 시기 남녀 사이 두뇌발달은 2, 3년 정도 차이가 있기 때문에 남학생 사이에서는 어렸을 때 했던 놀이가 사회적으로 더 용인된다. 공놀이는 많은 남학생에게 보편적이고 시기에 제한을 받지 않는 사회적 놀이이므로 쉬는 시간에 캐치볼이나 교실 앞에서 종이뭉치 던지기는 성숙도와 상관없이 초등학생이든 중학생이든 남학생 대다수가 함께할 수 있는 놀이다. 남학생 가운데에는 남보다 일찍 여학생의 관심을 끄는 부류가 있는데, 중학교 사회적 풍경은 이런 남학생들이 이끄는 경우가 많다. 이들은 여학생에게 관심을 보일 뿐만 아니라 실제로 여학생과 문자를 주고받고 대화를 나누고 계획을 세우고 결국은 남학생 무리 중 최초로 여학생에게 데이트 신청을 한다. 일단 몇 명이 주도하면 자신의 욕구가 표준인 것처럼 만들려고 여학생에게 관심이 덜한 남학생을 놀리기 시작한다.

모든 남학생이 전부 공던지기를 좋아하지는 않는다. 모든 여학생이 전부 남학생과 로맨스 소설을 좋아하지는 않는 것과 마찬가지다. 자신의 관심사가 중학교 사회에서 부끄러운 취급을 받을 경우 동네방네 떠들고 다니는 것은 당연히 무익하므로 이런 아이들은 서로 발견하고 관계를 맺기가 더 어려울 수 있다. 내가 아는 어떤 엄마의 딸은 지적으로는 학급 누구보다 우월한데 또래들의 관심사에는 관심이 없었다. 그 아이는 관심사와 취미 수준이 꽤 높았지만 그런 이야기를 함께 나눌 친구가 없었다. 당연히 자신의 지성을 인정해주고 아이돌 가수의 열혈팬이 아니라도 개의치 않는 선생님들과 '사교적 시간'을 상당히 많이 보냈다.

그 딸이 가장 좋아하는 책이 《반지의 제왕》 시리즈였다. 다들 유튜브 동영상 이야기를 하는 학교 식당에서 쉽게 꺼낼 수 있는 화제가 아니었다. 탁월하고도 세심한 마케팅 전략으로 엄마가 《반지의 제왕》 상징이 새겨진 목걸이를 만들어주었다. 누구라도 딸에게 이 특별하고 예쁜 목걸이에 대해 물어보면 멋진 대화의 시작점이 되어주었고 그 책을 좋아하는 다른 아이들과 만날 수 있게 해주었으며 궁극적으로는 학교에서 또 다른 이 시리즈의 팬을 만날 수 있게 되었다.

이외에도 당신이 할 수 있는 최선은 인내하며 기다리는 것이다. 사회적인 성숙도는 아이를 부추긴다고 되는 게 아니므로 딸과 딸의 인형과 함께하는 시간을 즐겨라. 결국, 딸은 더 어른스러운 일들을 좇아 인형을 치우게 될 것이고 당신은 이토록 섬세한 시간을 안달복달하며 지내지 말 걸 하고 후회할 것이다. 게다가 당신이 이런 걱정을 하면 딸도 눈치 챌 것이다. 부모가 아무리 노력해도 아이들은 늘 매우 미세한 단서도 알아본다. 예를 들면 무심함을 가장해 던지는 인기나, 친구관계나, 대체로 행복한지를 묻는 질문들 말이다. 아이는 "점심 시간에 누구랑 앉아서 먹었어?" "케이트는 좋은 아이 같더라. 그 친구를 우리 집에 데려오지그래?" "다른 애들은 무슨 이야기를 하니?"와 같은 당신의 질문을 일일이 세고 있을지도 모른다. 당신이 아이의 사회적 행복을 덜 신경 쓰는 것처럼 보일수록 아이는 더욱 행복해질 것이다.

> ○●● 아이가 또래와 어떻게 지내고 있는지 미묘한 질문을 던지면 더욱 사교적이 되게 격려할 수 있겠다 생각하겠지만, 아이는 오히려 불안을 느끼고 압박을 받을 것이다.

부모가 아이의 사회적 발달 차이를 벌충해주려고 할수록 오히려 아이의 발달을 지연시킬 수 있다. 예를 들면 수줍음이 많은 아이는 사회적으로 미숙한 게 아니다. 그냥 수줍은 사람인 것이다. 그런 아이 대신 부모가 앞장서서 말하면 오히려 아이는 불쾌해질 수 있고 더 입을 다물게 될 것이다. 스포츠 활동이나 카풀에서 부모가 아이 학급친구들 앞에서 우스갯소리를 한다고 해서 아이와 또래 사이 간

극이 좁아지는 것은 아니다. 오히려 내성적인 아이는 불편해 할 수도 있다. 부모가 중립을 지키면 아이가 알아서 자신에게 딱 맞는 자리를 찾아갈 것이다.

어떤 부모들은 사회성이 우수하고 그 사회성이 자녀에게 저절로 옮아가기도 하지만, 부모의 외향성이 아이에게 저절로 옮아가는 경우는 누구나 알아보는 유명인사가 아니라면 매우 드물다. 중학생들은 부모를 절대로 닮고 싶지 않은 속성을 지닌 다른 종으로 바라본다. 그러므로 아이를 위해 근사하게 보이려고 노력해봐야 효과가 없다.

아이의 사회적 발달과 학교에서의 적응 정도가 걱정이라면 다음과 같이 해봐라.

1. 아이의 오늘 모습이 부모가 바라는 모습이 아니더라도 걱정거리 목록에서 지워버리고 아이의 모습 그대로를 즐겨라.

2. 중학교 시기는 인생의 어떤 시기보다 신체적, 정신적으로 굉장히 발달한다는 사실을 잊지 마라. 참고 기다려라.

3. 자녀가 또래에게 자신의 고유한 관심사에 관한 미세한 신호를 보낼 수 있도록 도와줘라.

4. 수줍음을 미숙함과 혼동하지 말고 아이에게 말을 더 시키거나 아이 대신 말하는 식으로 수줍음을 '고치려고' 들지 마라. 상대와 시선을 마주치고 어른들과 악수하고 다들 들을 수 있을 만큼 큰 소리로 감사 표현하기 등 예의범절을 위한 최소한의 기대치만 정해

라. 그 이상을 강요하지 마라.

5. 아이가 사회적으로는 미숙해도 다른 영역에서 우월하다면 그 분야에서 경쟁할 수 있는 조직이나 집단에 참여할 수 있게 해줘라. 축구경기가 되었든 창의력 올림피아드대회가 되었던 아이들은 성공을 중요하게 여긴다. 학교에서의 성공은 아이에 대한 또래의 인식에 긍정적인 영향을 미칠 것이고 아이도 비슷한 관심사를 공유하는 다른 친구들을 만날 기회가 생길 것이다.

6. 아이가 관심사를 추구할 수 있게 도와줘라. 아이는 다른 아이들과 똑같은 것을 좋아하지 않거나, 좋아하고 싶지도 않아서 자신이 멋진 아이들보다 '못하다고' 느낄 수 있다. 아이가 기쁘게 활동할 시간과 공간을 마련해주면 자랑스러움을 느낄 수 있을 것이다. 볼링이든 미술강좌든 보이스카우트건 스케이트보드 강좌건 아이가 관심사를 공유할 수 있는 집단에 참여하게 해라. 자신이 좋아하는 것을 좋아하는 사람들과 함께할 때 한결 기분이 좋아질 것이다.

3부

엄마, 아빠도
새로운 계획이 필요하다

66 •

이 책도 막바지에 이른 만큼 마무리 손질을 할 시간이다. 마지막이라고 하지만 절대 덜 중요
하지는 않은 주제에 대해서 말해보자. 바로 당신 이야기다.

중학생 자녀가 청소년기 세 가지 주요 건설계획, 즉 새로운 신체, 두뇌, 정체성 확립하기에 분
주한 사이 부모 역시 깨닫고 있든 아니든 비슷한 과정을 겪고 있다.

중학생 자녀 양육 시기는 부모와 아이가 비슷한 발달 경로를 가고 있다는 점에서 특별하다.
둘 다 신체와 두뇌와 정체성에 있어 큰 변화를 겪는 시기다.

좋은 부모가 되려면 우선 자신에게 잘하는 게 중요하다. 아이도 이런 행동을 본보기로 삼아
자기관리 습관을 개발할 수 있고 부모 역시 재충전을 통해 가족과 더 행복한 관계를 이룰 수
있다. 훌륭한 비행기 승무원이 시사하듯 산소마스크는 아이에게 씌워주기 전 부모가 먼저 써
야 한다. 삶의 이 복잡한 단계를 거쳐 가는 동안 부모가 우선 자신을 인정하고 돌볼 방법을
알아보자.

• 99

부모에게도
변화가 필요한 때

이 책의 첫 장에서 3, 4, 5학년 학부모 100명을 대상으로 중학생 자녀 양육에 대한 예상도를 물었던 설문조사 이야기를 했었다.

조사대상 부모의 4분의 1이 중학교 시절 분명히 나쁜 경험을 했고 절반이 자녀의 중학교 진학에 대해 기대할 게 전혀 없다고 대답했다.

가장 일반적으로 예상하는 긍정적인 면에 대해 부모들은 '새로운 기회(학업적으로나 사회적으로)'와 '독립성의 향상'이라고 대답했다.

중학교에 진학한 아이는 흥분되는 온갖 종류의 새로운 기회와 독립성을 만날 수 있는 게 사실이다. 그것이면 충분하다. 하지만 당신은? 지금은 청소년 자녀의 발달만 중요한 시기가 아니다. 부모들 역시 수많은 변화를 겪고 있고, 아이가 크는 만큼 부모 역시 더 큰 독립된 시간과 새로운 경험을 즐길 수 있다.

어떤 면에서는 신나는 일이지만 또 어떤 면에서는 기쁘기보다 낙담할만한 변화가 찾아온다. 노쇠해가는 부모님을 보살피기 시작했을 수도 있고 자신의 신체 변화를 걱정하고 있을지도 모르며 경력의 변화를 고려하거나 이혼과 한 부모 양육으로 고생 중이거나 우리 시대 많은 이들이 직면한 무수한 문제를 만났을지도 모른다. 어떤 일이든 이런 식의 생활방식 변화에 적응하려면 힘들겠지만, 중학생 자녀를 양육하는 동안 감정적으로 불균형하고 불확실한 일들이 무수히 찾아올 것이다.

올해 우리 집 아이들은 중학교 1학년과 3학년이 되었다. 그 사이 나는 다음과 같은 일들을 겪었다.

- 어깨 수술.
- 치아 신경치료 다섯 번.
- 발에 통증을 일으키고 하이힐을 신을 수 없게 만드는 신경질환인 신경종.
- 부모님의 이혼.
- 어머니가 혼자 살게 되면서 몇 차례 수술을 받음.
- 남편이 장기출장을 다니기 시작.
- 친한 친구가 재활 시설에 들어가면서 내 도움이 필요해짐.

- 사업을 운영하면서 워킹맘에게 요구되는 온갖 일들이 늘어남.
- 책 출판.

나는 삶의 이 단계에서 만날 수 있는 스트레스와 혼란, 슬픔, 기대감, 외로움, 불안감, 흥분, 재창조, 의심, 무기력, 희망이라는 이름의 극장 맨 앞줄에 앉아 있었다. 이기적으로 아이보다 내 문제부터 신경 쓰는 부모라는 생각에 불편할 수도 있다. 좋은 부모가 되려면 자신부터 돌봐야 한다는 말은 이미 백만 번쯤 들어봤을 것이다. 그러나 자신부터 돌보는 방법을 제대로 알지 못하면 결국 자신에게나 아이에게나 인간관계에나 타격을 입힐 것이다.

자식이 변하는 동안 엄마, 아빠의 몸도 변화한다

몇 년 전 친구와 함께 일주일에 세 번 트레이너와 함께하는 운동을 시작했다. 둘 다 고등학교 졸업 후 이런 노력을 기울인 적도 규칙적으로 운동한 적도 없었다. 우린 서로 격려했고 힘과 활력을 기르면 건강해질 거라며 자랑스러워했다. 어느 날 친구가 쇼핑하러 갔는데 남자들이 자신을 훑어보는 것을 눈치챘다. 이 얼마나 멋진 일이란 말인가! 그녀는 자신감으로 의기양양하게 매장 안을 걸어 다녔다. 계산대 앞에 줄을 서 있는데 한 남자가 그녀 쪽을 보고 있었다. 화들짝 놀라 그 남자의 시선을 따라가 보았더니 남자가 중학교 3학년 딸의 엉덩이를 보고 있더란다.

친구 딸은 아직 만으로는 열세 살밖에 안 되었지만, 키가 제 엄마보다 크고 남자를 향해 등을 돌리고 있었기 때문에 그 남자가 소아성애 범죄자라고는 못하겠다. 친구는 딸이 남자들의 시선을 끌만큼 충분히 성숙해보인다는 사실을 깨닫고 몹시 이상한 기분에 사로잡혔다. 우리도 한 번 생각해보자. 고등학교를 졸업하고 눈 깜짝할 사이에 지금 이 나이가 되어버린 것 같은데 세상이 점점 우리를 늙은이 취급을 한다. 딸들이 점점 매력적으로 변해가는 동안 우리는 점점 투명인간이 되어간다.

꼭 여성들에게만 국한된 이야기가 아니다. 남성들도 신체적으로 근육감소 과정이 시작된다. 비활동적인 성인은 10년마다 근육량이 3~5퍼센트 손실되는 변화를 겪으며 끔찍함을 느낀다. 중년 남성이 자연스럽게 노화를 겪는 동안 아들의 육체적인 힘은 절정을 향해 달려간다. 어떤 아빠들은 아들의 남성성에 대한 자랑스러움과 자신의 힘의 상실에 대한 우울을 동시에 느낀다. 테스토스테론이 감소하면서 중년기 우울한 감정이 증가할 수도 있다.

아버지도 젊은 여성이 되어가는 딸을 보며 우울함을 느낄 수 있다. 많은 아빠가 딸의 신체가 발달하기 시작하면 뒤로 물러난다. 부적절해 보이지 않으려고 신체접촉도 피한다. 중학생 딸은 여전히 아버지에게 애정을 갈구한다. 포옹, 소파에 바짝 붙어 앉기, 잘자라는 입맞춤 등은 여전히 아빠에게는 특별한 딸임을 상기시켜주는 딸의 표현이다.

아빠들은 딸이 10대 후반에 도달하면 엄마만큼 딸들의 이성관에 심오한 영향을 미칠 수 있음을 깨달아야 한다. 딸들은 아빠를 보고 여성이 어떻게 대우받아야 하는가, 남자들이 여자들에게 중요하게 생각하는 게 무엇인가, 어떤 남성이 좋은 남성인가, 세상에서 성공하려면 어떤 일을 해야 하는가 등의 신호를 찾기 시작한다. 그러므로 딸의 신체에 대한 비난이나 외모를 강조하는 말은 해로운 영향을 미친다. 뒤집어 생각하면 아빠들이 육체적인 속성을 통하지 않고 성공한 여성들에 대해 언급하고 긍정적이든 부정적이든 여성의 신체에 대한 언급을 자제하며 딸에게 상대방 성으로부터 존중받는 법을 보여주면 딸의 긍정적인 자기 이미지 형성에 좋은 영향을 끼칠 기회가 무척 많아진다는 뜻이기도 하다.

성형수술

성형수술은 신속한 일 처리 방식이다. 내가 사는 노스캐롤라이나주 샬롯은 잡지를 펴고 라디오를 켤 때마다, 차를 몰고 거리를 지날 때마다 성형수술 광고를 연달아 만날 수 있는 곳이다. 샬롯은 미국에서 뉴욕 다음으로 큰 금융의 중심지다. 풍부한 경제력과 미를 중시하는 문화적 압력과 만나 많은 여성들이 시간의 흐름에 면역된 것처럼 보이기 위해 돈을 펑펑 쏟아 붓고 있다. 이를 '엄마들의 새 출발'이라고 부른다. 이런 현상은 주름살과 뱃살, 진짜 가슴이 있는 여성들이 점점 줄어드는 시대에 무엇이 정상인지에 대한 우리의 생각을 엉망으로 흩트려 놓는다.

나 역시 성형수술 직전까지 간 적이 있었다. 성형외과 무료상담을 받기까지 했는데 당시 의사가 내 뱃살을 제거하면 몸무게를 줄

일 수는 있겠지만 그러면 얼굴이 '지옥'처럼 보일 게 분명하므로 모든 것을 한 방에 해결할 수 있는 네다섯 가지 시술을 권했다. 보스턴에 가서 친한 친구를 만나 호텔 로비에서 와인을 마시며 성형수술에 대한 갈등을 털어놓았다. 친구가 온정어린 눈빛으로 나를 보더니 말했다. "하지 마. 그건 네 모습이 아니야. 너는 똑똑하고 재미있고 예뻐. 네 몸은 원래 몸들이 하는 대로 하고 있을 뿐이야."

그 말이 나를 자유롭게 했다. 자아수용 교육을 받았을 때 그런 식의 말을 여러 차례 들어본 적이 있지만, 현실에서 친구에게 들었을 때는 정말로 기뻤다. 나를 걱정으로부터 해방시킨 것은 "그건 네 모습이 아니야"라고 했던 친구의 말이었다. 성형수술한 모습은 진짜 내가 아니라 우리 문화가 내게 강요한 모습이었던 것이다.

남자들도 점점 성형수술 유행에 동참하고 있다. 미국미용성형학회의 통계를 보면 2010년 75만 명의 남성환자가 미용 시술을 받았다고 한다. 그해 전체 시술 회수의 8퍼센트에 불과한 수치이지만 통계치를 보면 남성들 사이에 성형수술 열풍이 빠른 속도로 증가하고 있음을 알 수 있다. 1997년 이후 남성 성형 시술 회수는 88퍼센트나 증가했다.

당신이 노화가 신체와 두뇌, 정신에 미치는 영향을 두고 고민 중이라고 해도 충분히 이해한다. 성형수술을 결심한 사람들을 비판하려는 것도 아니다. 그건 내 몫이 아니다. 그렇다고 당신의 몫도 아니라는 말은 아니다. 우리가 서로 신체를 비교하고 상대적인 아름다움을 의심했던 일들을 우리 딸들은 초등학생 시절보다 어렸을 때부터 시작하고 있다. 딸들은 '나이가 어릴수록 아름답다'는 문화적 압력을 받고 있으므로 우리는 중학생들에게 아름다움이 무슨 뜻인지, 또 부모가 성형수술을 받는 게 어떤 의미인지를 세심하게 살펴봐야 한다.

35세에서 50세 사이에 가장 일반적으로 받는 성형수술은 지방 흡입술이다. 가장 일반적인 비수술적 시술은 보톡스이다. 둘 다 한 친구들도 있다. 나는 둘 다 하지 않았다. 그건 우리 우정과는 아무런 상관이 없다. 그러나 사춘기 한가운데를 통과하며 정체성을 개발하고 있는 우리 아이들은 그 정도로 면역력이 없다. 내가 개인적으로 성형수술에 대해 갈등하는 이유 중 하나는 내게 딸이 있기 때문이다. 딸이 자신의 몸을 더욱 사랑하도록 가르칠 더 좋은 방법을 알지 못하겠다. 만약 그 애가 내 뱃살을 걱정하는 게 아니라 자신의 뱃살이 없어졌으면 좋겠다고 말하는 날이 오면 어떻겠는가? 결국 성형수술 말고 내 에너지와 시간과 돈을 더 재미있고 중요하게 쓸 수 있는 곳은 훨씬 더 많을 것이다.

성형수술이 당신의 적절한 선택이라고 결정했다면, 아이나 신체에 관한 아이의 관점에 어떤 영향을 미칠 것인지 생각해봐라. 노스캐롤라이나주 샬롯의 '균형잡힌 삶을 위한 샬롯 센터' 설립자 에이미 콤스 심리학 박사는 자신의 신체를 인정하고 섭식장애를 치료하는 등 여성과 소녀에게 영향을 미치는 여러 가지 문제를 전문으로 다루고 있다. 콤스 박사는 10대 초반 자녀에게 부모의 몸에서 보게 될 변화에 대해 다음과 같이 말해 달라고 당부한다.

○○● 성형수술 결심은 개인적이지만 동시에 사회적 배경과 관계가 있다. 어른들은 수술을 받기로 한 이유를 분명하게 알 수는 없어도 자녀를 보호하려면 다른 사람을 어떻게 바라볼 것인가의 관점과 개인적인 신체 이미지에 대해 분명히 설명해줘야 한다. 부모가 개인적으로 어떤 감정을 품고 또 어떤 상황에서 성형수술을 받기로 결심했는지를 인정하고 넘어가지 않으면 자녀는 자아수용을 개발하는 작업을 거치지도 않고 자기 몸의 x를 y로 바꿔버리는 날이 올지 모른다.

콤스 박사는 "부모가 성형수술을 받기로 했을 때 이들이건 딸이건 아이에게 성형을 통한 선택적 변화에 관해 다음과 같은 메시지를 전달하는 게 이상적이다"라고 말한다.

- 이것은 당신이 원해서 하는 것이지 반드시 필요해서 하는 게 아니다. 당신은 이 시술을 받기를 원한다. 그러나 더 좋고 행복하고 의미 있게 살려고 꼭 수술을 받아야 하는 것은 아니다.
- 당신은 '암, 모유 수유, 노화, 과식, 혹은 신체적인 불안정' 때문에 이 수술을 받으려고 한다. 이를 인정해야 한다. 청소년에게 설명하기에 가장 어려운 시술이 지방흡입일 수 있다. 당신은 당신 몸이 노화하고, 변화하고, 식이요법과 운동에 반응하지 않는 게 만족스럽지 않아 이 수술을 받으려 한다고 인정해야 한다.
- 이러한 논의 안에서 당신이 신체에 관해 불편하거나 불안정하게 느끼고 있음을 인정해야 한다.

- 당신은 이 수술을 받는다고 해서 삶의 다른 영역이 향상될 거라고 바라거나 생각하지 않는다는 뜻을 전달해야 한다. 수술을 받으면 사람들이 당신을 더 좋아하게 될 것이고 우정이나 결혼생활이 더 견고해질 것이며 직장에서 자신감이 커질 거라고 기대하지 않는다. 순수하게 미용을 위한 시술이다. 혹시 이런 일들이 일어날 거라고 기대하고 있다면 아이와의 의사소통을 신중하게 해야 한다. 섭식장애는 종종 고도로 엄격하고 제한적인 다이어트를 시도하면서 시작되는데 이게 바로 10대 방식의 지방흡입술이다.
- 가치관에 관한 대화 역시 필수다. "선택적인 수술을 받기로 한 결심은 내 가치관을 반영하고 있단다. 그게 너의 가치관이 될 필요는 없어. 네가 어른이 되면 너도 그런 결정을 내릴 수 있어. 많은 여성들이 이런 식의 시술을 받지 않는데, 그건 그들의 가치관을 반영하는 거야." 이런 대화를 통해 선택적 수술을 하지 않겠다고 결정을 내린 어른을 존경할 만한 본보기로 제시하고 싶을 것이다.

아이가 수술 사실을 알아채지 못하기를 바라는 건 좋은 생각이 아니다. 아이가 중학생이 되면 신체에 대한 인식도가 높아지고 다른 사람에게서 본 것을 자신에 대한 개인적인 메시지로 체화하게 된다. 솔직하게 수술 사실을 말하는 쪽이 아이가 자신이나 다른 사람을 결함 있는 사람으로 볼 위험성을 없애고 결함에 대한 해결책으로 결국 성형수술을 선택하지 않도록 보호할 수 있다. 아이에게 사실대로 말하지 않고 알아채지 못하기를 바란다면 부모로 어른으로서의 고민에 대해 10대의 눈으로 알아서 해석하라고 내버려두는 것과 같다. 이 연령대 아이들은 아직은 부모의 길잡이 없이 성공적으로 해석할 만큼 인생 경험과 지혜가 충분하지 않다.

당신이 어느 쪽을 선택하든 매일 당신 몸과 몸이 해주는 모든 일에 감사하기를 바란다.

이즈음 부모가 겪는 신체적 변화가 모두 즐거운 일이지만은 않다. 많은 이들이 남성갱년기와 여성폐경기를 향해 출발했거나 이미 겪고 있다. 어떤 이들은 심각한 질병과 싸우고 있다. 이런 환경이 이 시기 삶을 복잡하게 만들지만, 우리가 할 수 있는 최선은 낙관적이고 끈질기게, 그리고 자신에게 서로에게 다정하게 이 복잡한 시기를 헤쳐나가는 것이다.

엄마, 아빠도
정서적 변화를 겪는다

잠깐, 내가 지금 무슨 말을 하려고 했지? 그, 뭐였더라?

단어가 생각나지 않고 이름이 생각나지 않고 심지어 자식 이름
도 떠오르지 않는다. 나는 요즘 아들을 자꾸 강아지 이름으로 부른
다. 어휘력이 천천히 고갈되어가는 현상에 대해 말하려니 만화 〈심
슨 가족〉의 한 대목이 생각난다. 호머와 마지가 전형적인 중년기 변
화를 겪을 때의 이야기다.

호머: 마지, 그거 있잖아. 쇠로 만들었고 d자처럼 생겨서… 그, 뭐냐… 먹을 것
  을 뜰 때 쓰는 건데….

마지: 숟가락 말이야?

호머: 그래! 그거!

변화하는 두뇌

최근 한 친구가 아래층 화장실 개조에 대해 떠오른 생각을 남편에게 설명하려는데 당최 화장실이라는 단어가 생각나지 않더란다. 자꾸 '조그만 부엌'이라고 부르면서 남편이 알아듣기만을 바랐고, 당연히 두 사람은 금세 서로 짜증을 부렸다고 한다.

중년이 되면 당연히 두뇌에 노화로 말미암은 희생이 따른다는 사실을 알지만, 진정한 새 출발을 위해서라면 이 시기 우리 두뇌에 일어나는 좋은 일들도 몇 가지 짚고 넘어가야 할 것이다. 사실 내 두뇌는 지금 이 시간에도 그 좋은 점을 발휘하고 있다.

긍정적이 된다

2장에서 중학생 두뇌의 전두엽이 긴 휴식에 들어간 사이 감정 중추인 편도체가 두뇌관리를 주도한다고 설명했다. 청소년기 편도체가 느끼는 주요 감정이 화이다. 그래서 10대가 그렇게 쉽게 화를 내는 것이다. 나이가 들어 어른이 되면 편도체는 부정적인 입력에 덜 반응하게 되고 긍정적인 입력에 더 반응하게 된다. 우리는 지금 절반이 찬 유리컵 발달단계에 와 있다. 이 시기 재창조의 가능성을 생각해보면 참 좋은 소식이다.

인지력이 좋아진다

점점 줄어드는 능력들에 대해서 웃어넘기고 싶을지도 모르겠다. 웃을 것인가 울 것인가? 컵이 반 차 있다! 그러나 연구결과를 보면 인지능력은 실제로 중년기 내내 향상된다. 정보를 기억하고 재빨리 처리하는 능력은 중년기에 접어들면서 내내 줄어들겠지만, 이성적인 추론 능력과 문제해결 능력은 향상된다. 대학시절과 비교해 더 바보가 되는 게 아니었다. 다만, 달라지고 있을 뿐이다. 그것도 더 좋은 쪽으로. 중년기 두뇌는 분석과 문제해결을 위해 양쪽 두뇌를 모두 사용하므로 훨씬 더 다각적인 접근이 가능해진다. 그러니 당신의 두뇌가 지속적으로 훌륭하게 발달 중임을 믿어줘라.

정체성이 변화한다

일부는 자녀가 중학생이 되어 더 큰 독립성을 향해 달려가는 동안 부모 자신은 어디로 갈지 모르는 어려운 시기를 겪고 있을 것이다. 아이가 18세에 대학(혹은 비슷하게 존경할만한 목적)에 간다고 가정하면 열 살 아이를 보고 이렇게 생각할 수 있을 것이다. "이제 우리가 함께 살 시간의 절반 이상을 살았구나." 동시에 거울 속 자신을 향해 이런 생각을 할지도 모른다. "다행히 오늘 내 인생의 중간 지점에 왔어." 그러고는 다음과 같은 더 큰 질문을 품게 될지도 모르겠다.

- 이제 나는 무엇을 할 것인가?
- 나는 원하는 삶을 살고 있는가?

- 나는 어떤 영향을 끼치고 있는가?
- 나는 지나치게 희생해왔을까? 아직 충분하지 않은 건가?
- 나는 여기서 어디로 가는가?

중학생 자녀만 새로운 정체성을 찾는 중이 아니다. 많은 부모가 자녀가 청소년기를 지나는 동안 자신의 재창조에 뛰어든다. 떨리지만 동시에 설레기도 하다. 많은 부모에게 지난 십수 년은 아이가 언젠가 독립적인 어른으로 자라기 위해 베풀고 계획하고 준비하는 시간이었다. 그러나 아이가 다른 곳에서 사회적, 감정적 요구를 충당하기 시작하면서 당신은 혼자 버려진 듯한 느낌을 받을 수 있다. 아이가 새로운 관심사를 개발하고 있을 때 부모 자신의 관심사를 우선시하면 어딘가 이기적인 부모가 아닐까 생각하기 쉽지만, 그게 부모의 행복과 아이의 행복에 모두 도움이 된다.

3장에서 에릭 에릭슨이 분류한 심리사회적 발달 단계 가운데 대다수 중학생이 '정체성 대 역할혼란'의 단계에 와 있다고 말했다. 이 시기 아이는 부모에게서 벗어난 자신의 정체성을 만들어가기 시작해야 한다. 중학생 자녀를 둔 대다수 학부모들은 에릭 에릭슨의 일곱 가지 발달단계 중 '생산성 대 침체성' 단계에 와 있다. 40세에서 65세 사이의 성인기 중반 동안 우리는 죽을 때 자신의 존재가 쓸모없었다고 느끼지 않도록 유산을 남길 준비를 한다.

생물학적 관점으로 보면 우리 아이들과 그 아들들과 그 아들들이 바로 우리의 유산이다. 그러나 우리의 작은 유산들이 우리 곁을 떠날 준비를 하고 있어도 우리는 아직 할 일이 끝나지 않았다. 여전히 뭔가를 더 하고 싶은 에너지도 야망도 욕망도 있다. 어떤 이들은 새로운 경력을 시작하고 또 어떤 이는 옛 열정을 다시 발견하고 또 완전히 새로운 자신을 재창조하는 사람도 있다. 메시지든 영감이든 세계를 조금 더 살기 좋은 곳으로 만들고자 하는 노력이든 이 세상에 뭔가를 돌려줄 수 있는 위치를 찾아낸다면 이 시기 위기감도 덜 느껴지고 만족감은 더 커질 것이다.

이제 자신에게 뭐가 남았을까 고민된다면 다음과 같이 해봐라.

- 소셜미디어나 구식 전화기를 이용해 평소 가까이 지내는 사람들 외의 사람들에게 연락을 해봐라.
- 관심이 가는 일을 하는 사람들을 찾아내 도와줘도 될지 물어봐라.
- 세미나나 워크숍, 학회 등에 참석해라. 영감을 심어주고 돌파구를 마련할 주제를 찾게 될 것이다.
- 마음을 움직이는 자선단체에 시간이나 재능, 귀중한 것들을 기부해라.
- 혼자 여행을 떠나라. 못 가본 지역이나 나라를 찾아가라. 오직 자신에게 집중하고 몰랐던 사람들에게 집중하면 새로운 생각과 행동에 대해 영감을 떠올릴 수 있을 것이다.

나이 들어가는 나와
부모님 보살피기

페이스북에 40대 부모들에게 양육 외에 찾아오는 특별한 이유가 뭐냐고 물어보았다. 다양한 대답이 나왔지만 내 또래 사이에서는 가장 상위에 속하는 고민이 '나이 들어가는 부모님 보살피기'였다. 우리는 샌드위치 세대는 아니지만 40대가 되면 청소년기에 접어든 자녀의 새로운 발달 상 요구를 돌봐줘야 하는 동시에 나이 지긋한 부모님도 보살피기 시작한다. 그러다 보면 지치고 소모적이고 녹초가 되었다고 느끼며 자신을 돌보는 일을 포기하기가 쉽다.

암이나 다른 중증 질환을 앓는 부모님을 돌보는 친구들을 지켜보았다. 그들은 몹시 상심해 있으면서 동시에 지쳐 있었다. 그러나 우리 걱정거리는 점점 늘어가는 건강 문제만이 아니다. 우리 부모 세대의 많은 이들이 퇴직 후 적절한 예금이 없어서 우리는 자녀의 대학등록금을 마련하기 위해 땀을 흘려가며 저축을 하는 동안 부모의 의료비, 심지어 주거와 생활비 문제까지 고민해야 한다.

나 역시 부모가 되면서 이미 가장 취약한 단계에 와 있기 때문에 이 시기가 몹시 힘들다. 아이들이 어렸을 때 어머니는 남편과 내가 저녁 데이트를 즐길 수 있게 밤새 아이들을 돌봐주었고 내가 많이 지쳤을 때는 우리 집에 저녁을 가져다주기도 했기에 나는 완전히 혼자이고 무기력하다는 감정을 피할 수 있었다. 이제 고령의 어머니를 내가 보살필 차례가 되었고 동시에 나를 도와주었던 사람을 잃는 셈이 되어서 두 배로 어려운 상황이 되었다.

몇 가지를 다시 한 번 당부한다.

- 자신을 위한 시간이 무엇보다 중요하다. 취미를 찾아라. 운동을 해라. 적절한 식사를 해라. 잘 자라. 밖으로 나가라. 즐겁게 책을 읽어라. 자신에게 잘해라.
- 도움을 구해라. 혼자 모든 것을 다할 필요는 없다. 부모도 아이도 혼자 감당하지 말고 도와줄 사람을 구해라. 이웃이나 다른 가족을 끌어들여라. 이 상황을 통제하기 위해 필요한 게 자신에게 있는지 아니면 일부를 포기할지 자문해봐라.
- 부모와의 관계를 전부 보살핌으로만 만들지 마라. 함께 즐겨라. 사진앨범을 봐라. 영화를 봐라. 함께 나눌 기쁨의 순간을 찾아라.

- 갑자기 닥치기 전에 부모의 노후 계획을 미리 살펴봐라.

- 부모와 터놓고 대화를 시작해라. "돈 이야기가 거북하다는 건 알지만 방심하고 있을 수는 없어서 드리는 말씀인데요…"

결혼생활

아이들이 중학교에 갈 무렵이면 배우자와 다시 친밀하게 지내고 좋아하는 활동을 즐기며 서로에게 애정을 집중할 시간이 약간 늘어날 것이다. 반대로 빈 저녁식탁 너머로 서로 물끄러미 바라보며 무슨 말을 나눠야 할지 모를 수도 있다.

부모들은 10년 넘게 아이의 활동을 따라다니고 놀이약속에 데려다 주고 학교 자원봉사를 하고 운동경기를 쫓아다니고 쉴새없는 질문에 대답하며 목이 부러질 만큼 정신없는 속도로 살아왔다. 그러다 어느 순간 갑자기 조용해졌다. 아이들은 이제 당신에게 별로 많은 이야기를 하지 않는다. 집 밖에서나 제 방에서 더 많은 시간을 보낸다. 그들이 남긴 침묵은 예상보다 크게 마음에 다가올 수 있다.

부부에 따라서 기어를 지나치게 빨리 바꿔야 하는 게 힘겨울 수 있다. 거의 20년 전 남편과 결혼식 계획을 세웠던 시절이 생각난다. 우리는 신혼생활에 대해 환상을 품었다. 즐거운 마음으로 가만히 앉아 느긋하게 쉬는 것 말고는 할 일이 전혀 없을 것 같았다. 몇 달 동안 정신없는 시간을 보내고 드디어 결혼식이 다가왔을 때 우리는 무엇을 해야 할지 알 수가 없었다. 안절부절못했다. 결혼식을 준비하면서 목록을 만들고 세부사항을 마무리 짓는 등 모든 일이 끝나

자 이제 서로가 무엇을 할지 찾아야 했다. 어떻게 쉬어야 할지 알 수가 없었다. 마침내 기다리고 기다리던 결혼이란 지점에 도달했는데 예기치 않게 맥이 풀려버린 기이한 감정이 들었다.

아이가 중학교에 들어갔을 때도 비슷한 기분이 들 수 있다. 아이를 위해 모든 것을 해줘야 했던 시기가 지나고 이제 혼자만의 시간도 어느 정도 찾을 수 있으니 좋을 것 같았는데, 막상 아이가 크니까 혼자서 무엇을 어떻게 해야 할지 당최 알 수가 없다. 그래도 노력이 중요하다.

결혼생활의
제2막 열기

비행기가 이륙할 때마다 승무원들이 말하는 '비상상황에는 다른 사람을 도와주기 전에 반드시 자신부터 마스크를 써야 한다'라는 충고는 가정의 비상상황에서도 적용된다. 부부 사이의 결혼생활을 우선해야 궁극적으로 자녀는 물론 온 가족에게 좋다.

- 기다리지 마라. 부부 간 데이트는 운동처럼 일찍 시작할수록 좋다.
- 두 사람 모두 흥미롭게 살려면 개인적으로 내가 흥미를 갖고 있는 일이 무엇인지부터 찾아라. 이야깃거리 찾기가 어렵다면 취미가 필요하다는 뜻이다.

- 저녁 데이트를 즐겨라. 레스토랑에 가만히 앉아 있는 데이트만 하지 마라. 볼링을 해라. 요리강좌를 들어라. 크로스핏을 해라. 자원봉사를 해라. 적극적으로 움직여라.
- 미래에 대해 이야기해라. 둘이 함께 즐기는 여행이나 취미활동 등 과감한 계획을 세워봐라.
- 과거에 대해 이야기해라. 옛날 홈비디오나 사진을 꺼내 추억에 잠겨라.
- 서로 친하게 지내라. 성생활을 즐겨라.
- 도움이 필요하면 상담을 받아라. 전문가는 혼자서 노력할 때마다 두 사람을 훨씬 더 빨리 결합시켜줄 수 있다. 두 사람 사이 점점 벌어지는 거리를 무시하고 새로워진 기준으로 받아들이는 게 최악의 전략이다.

이혼

볼링을 하고 상담을 받고, 혹은 시간이 흐른다고 해서 모든 문제가 해결되는 것은 아니다. 많은 이들에게 이혼이 분명한 최선의 선택이 되고 있다. 당신이 이혼이라는 결정을 내렸다고 해서 나는 단 한 순간도 이를 비판할 생각이 없으며 내 친구 중에도 이혼으로 가족의 행복에 급격한 성장을 가져온 이들이 있다.

그러나 이 시기 이혼에 대해 당신이 알아야 할 것은 자녀가 중학생일 경우 유독 이혼이 힘들다는 점이다. 이혼은 언제나 고통스러운 결정이지만, 연구결과를 보면 부모의 이혼을 유독 힘들어하는 시기가 미취학아동기와 중학교 시기이다. 중학생 자녀는 부모를 벗어나 자신의 정체성을 찾고 인정을 받느라, 어른 세계와 아이 세계에 걸친 애매모호한 시기를 보내느라 고생 중이다. 그럴 때 부모의 이혼은 자신이 '정상'이라는 범주에서 벗어난다는 불안감과 자기회의의 감정을 안겨줄 것이다. 연인끼리 헤어질 때 흔히 나오는 고전적인 대사를 떠올려보자. "네 잘못이 아니야. 내 잘못이야." 이런 대사를 들으면 아마 진심으로 받아들이기 어려울 것이다. 논리적으로는 상대방이 떠나는 게 자기 탓이 아니라는 것을 알 수 있어도 관계를 지키기 위해 자기가 할 수 있는 일이 있지 않았을까 여전히 의문을 품게 될 것이다.

비슷하게 부모가 "우리 이혼은 너를 향한 우리 사랑과는 아무런 상관이 없단다"라고 말해도 아이는 비슷한 감정을 느낀다. 중학생 자녀의 두뇌는 감정 중추가 모든 것을 처리하고 있다. 비판적인 사고와 추론능력은 아직 대기 중이다. 아이는 정체성 개발 프로젝트에 매진하느라 모든 것을 자기중심적으로 바라본다. 그래서 부모의 이혼을 다른 때보다 더 개인적이고 감정적으로 받아들이게 된다.

아이가 중학교에 다닐 때는 이혼하지 말라는 말이 아니다. 다만, 당신이 안전한 상황이기만 하다면 몇 년 더 기다리는 게 아이에게 더 건강한 결정이라고 조언한다. 그러나 당신이 지금 당장 이혼하는 게 모두에게 최선이라고 결정했다면 아이가 이 시기를 헤쳐나갈 수 있게 도와줄 수 있는 몇 가지 방법을 고려해보자.

- 지금 당장은 아이의 일관성과 안정성을 최우선으로 생각해라.

- 공동양육 일정은 예측 가능하게 짜라. 전 배우자가 안전한 부모라는 가정 아래.

- 식사시간과 취침시간, 손님 초대 등 일상은 예측 가능하게 짜고 집안을 안전하고 편안하게 만들어라. 다른 아이들은 이 나이에 더 많은 자유를 누릴지 몰라도 당신의 아이는 행복하고 체계적인 환경에서 더 혜택을 누릴 수 있을 것이다.

- 아이에게 상담의 기회를 줘라.

- 전 배우자와의 의사소통은 존중을 바탕으로 하고 감정을 내세우지 마라. '보톡스 이마'는 단지 10대 자녀 앞에서만 하는 게 아니다. 이때도 효과적으로 사용할 수 있다.

- 중학생 자녀와의 의사소통도 존중을 바탕으로 해라. 한쪽 부모를 악당으로 만들지 말고 상황을 설명해라. 아이가 아닌 동네의 다른 아이에게 상황을 설명한다고 생각하면 도움이 될 수 있다. 이혼이란 매우 자연스럽고 이해할 수 있는 일이지만, 그렇게 하면 더욱 합리적으로 보일 수 있다.

- 성적 걱정은 하지 마라. 지금 당장 학교 공부는 어려울 것이다.

- 질문에 대답해라. 아이는 당신의 결정에 대해 많은 것을 궁금해할 것이다. 또 당신의 선택에 반기를 들고 싶은 마음도 있을 수 있는데, 이 나이대 아이들이 논리적인 사고기술을 개발하는 과정이기 때문이기도 하고 당신의 선택이 마음에 들지 않아 철회하길 바라기 때문이기도 하다. 아이에게 물어볼 권리가 있다는 걸 부정하지

마라. 아이의 질문을 기회로 아이가 품은 두려움의 뿌리를 캐내 해결해라.

데이트

한 부모가 된다는 것 자체가 중학생 자녀를 둔 부모에게 힘든 도전이지만, 아이가 성에 관해 많은 것을 배우는 시기에 부모의 이성교제만큼 거북한 주제도 없을 것이다. 아이들이 버스에서 듣거나 TV에서 본 것들이 갑자기 당신 이야기가 되어버린다. 심지어 아이들은 당신의 '외부 활동'에 대해 판단을 시작하고—"너무 이상해요. 엄마는 데이트하기에는 나이가 너무 많잖아요", 무엇을 하는지 구체적으로 물어보고—"두 사람이 그것도 해요?", 부모의 개인적인 결정을 통제하려고도 한다—"엄마, 그 사람이랑 사귀지 마요!".

이런 반응을 보이는 것은 아이가 통제력의 결핍을 느끼거나 더 큰 사람이 되고 싶은 욕망을 품거나 충동조절의 기본 방법을 잃어버린 것처럼 느끼는 것과 관계가 있다. 아이가 예상 밖의 행동을 하더라도 부모는 여전히 감정이입과 존중, 성숙한 마음의 본보기가 되어야 한다.

한 부모가 되면 아이의 요구와 자신의 요구 사이에 균형을 이루기가 쉽지 않다. 때로는 죄책감 때문에 아이가 빼앗기고 있다고 걱정하는 것을 벌충해주려고 하고 때로는 자기보호 의식에 이끌려 아이 중심이 아닌 자기중심적인 일을 추구해야 한다고 느낄 것이다.

아이가 중학생일 때 데이트를 시작하려면 다음 사항을 고려해야 한다.

- 가능하면 중학생 자녀에게 당신의 데이트 장면을 보여주지 마라. 아이가 이 상황에 어떻게 반응하고 어떤 식으로 해석해 체화할지 모르므로 사생활은 사적으로 지켜라. 그래야 아이를 위한 더욱 안정적이고 예측 가능한 분위기가 조성된다.
- 데이트 양식이 분명하다면 아이가 나중에 취하기를 원하는 종류의 데이트 행동을 모범으로 보여줘라. 아이는 당신의 말이 아닌 행동을 따라 하는 식으로 10대의 위험한 행동을 합리화할 것이다. 그 말은 아이들이 집에 있는 동안에는 외박하지 않는다는 뜻이다.
- 아이에게 언제나 네가 우선이라고 말해줘라.
- 즐겨라! 아이의 경험 때문에 제한적이어야 한다고 해서 아이가 전 배우자나 조부모, 친구 집에 갔을 때조차 즐길 수 없다는 말은 아니다.

이 주제에 대한 핵심 요점은 다음과 같다. 당신은 부모로서만 사는 게 아니며 삶의 다른 면을 관리하고 가꿀 자격이 있다. 아이가 자랄수록 그런 당신을 균형 잡힌 삶의 본보기로 여길 것이다. 아이에게 신체와 두뇌, 정체성의 변화를 인정하는 모습을 보여줘라. 그러면 아이들도 부모의 본보기를 따라 자신의 변화를 향해서도 똑같이 인정과 아량을 베풀 수 있다.

마치며

이제 중학생 자녀교육의 첫 단추를 잘 꿰었으니 한마디 하고 싶다. 중2병 자녀를 키우는 엄마, 아빠라니! 대단하다.

끝내주게 대단해보인다. 그러나 나와는 아무런 상관이 없다. 이번 새 출발은 당신이 어떻게 보이느냐가 아니라 어떻게 느끼느냐를 향상시켜주었다. 이 책을 다 읽고 나서 당신이 더 자신감 있고 느긋하고 열정적으로 자녀의 중학생활을 느끼기를 바란다.

이제 한가롭고 평온하며 자신감 있는 중학생의 부모가 되었다. 다음 중 자신만만하게 인정할 수 있는 항목이 몇 가지나 되는가?

중학생 부모의 자격 확인

- 아이가 긍정적인 모험을 감수하도록 격려하는가?

- 아이와 의사소통할 때 '보톡스 이마'를 유지하는가?

- 개인적인 선택과 개별적인 태도를 통해 표현의 자유를 허락함으로써 긍정적인 정체성을 개발하도록 지지하는가?

- 지나치게 세세하게 관리하지 않고 훌륭한 보조관리자가 되어줌으로써 충동조절과 비판적인 사고를 가르치는가?

- 아이의 문제를 개인적으로 받아들이지 않고 진지하게 받아들이는가?

- 아이 대신 문제를 고쳐주는 게 아니라 아이 스스로 문제를 해결하도록 가르치는가?

- 아이에게 실수하고 그 실수를 통해 배울 자유를 허락함으로써 긍정적인 사회적 성장을 이루도록 지지하는가?

- 아이가 개인적인 문제를 털어놓을 때 판단하지 않고 공감부터 해주는가?

- 아이가 집을 떠날 때 당신의 인생에도 성취와 참여, 만족을 위한 계획이 있는가?

- 재충전이 필요할 때 혹은 속도의 변화가 필요할 때 자신을 우선으로 생각하는가?

축하한다! 엄마로서의 업그레이드 과정을 완수했다. 몇 가지를 놓쳤더라도 너무 걱정하지 마라. 연습이 필요하다. 정말로 중요한 것은 중학생활에 대한 걱정과 불안감을 줄이고 열정으로 키우는 자리에 도달하기 위해 당신이 노력 중이라는 사실이다.

도움이 필요하면 언제든지 찾아와라. 페리스 뷸러Ferris Bueller의 말을 빌리자면 '인생은 아주 빨리 움직인다.' 중학시절 신체와 두뇌와 정체성의 문제처럼 아이들이 맞는 어떤 일들은 고정불변하지만, 또 따라잡기 어려운 다른 문제도 많다. 최신 유행이나 소셜 플랫폼 같은 것들은 당신이 겨우 이해하자마자 어느새 아이는 다음 단계로 넘어가 있을 것이다. 다음 몇 가지를 참고해라.

나의 웹사이트 'MichelleintheMiddle.com'에 오면 부모와 교사를 위한 정보를 찾을 수 있다. 블로그에 최신 경향에 대해 다루려고 노력하고 있다.

페이스북은 내가 말을 가장 많이 하는 곳이다. 'Facebook.com/middleschoolrelief'로 나를 찾아와라. 제발! 나는 부모들과의 소통을 무척 좋아한다.

중학생 자녀의 사회적 경험에 대해 구체적인 고민거리가 있다면 스카이프를 통한 코칭 프로그램도 제공한다.

사회적 리더십 교육과정인 아테나의 길과 영웅의 추구 안내서는 내 웹사이트를 통해 구입할 수 있다. 학교나 지역사회 단체 등에서 강좌나 모임을 조직할 때 도움이 될 것이다.

곧 중학생이 되거나 중학생인 딸이 있다면 엄마와 딸이 함께하는 중학생활 준비과정 '라이트 인 더 미들Right in the Middle'에 참가할 수도 있다.

마지막으로 각종 학교나 조직, 지역사회 행사에서 강연하는 것도 좋아한다.

책을 읽어줘서 고맙다! 이제 끝났다. 애썼다고 스스로 등 한 번 두드려주고 쉬길 바란다. 그래도 된다.

비블로모션 출판사의 직원들, 특히 다른 출판사들이 내 시장 분야가 너무 좁다고 난색을 표했을 때 이 책을 믿어주고 구체적인 독자를 위해 쓰고 싶다는 나의 바람을 지지해준 에리카 헤일맨에게. 중요한 독자들에게 직접 이야기하는 것의 가치를 봐주어서 정말 기쁘다.

타이틀에 도전하는 퀸 데이비슨에게. 함께해온 8년간 당신은 소규모 사업이 요구하는 온갖 역할을 맡아주었다. 당신은 나의 홍보대행사이자 연락부서이자 행정책임자이자 재무책임자이자 신문독자이자 치어리더이자 선의의 비판자이자 오른팔이자 친구였다. 나와 함께 이 모험에 나서주어서 고맙다. 당신이 내 곁에서 이 모든 일을 맡아주지 않았다면 나는 아마 당황해서 몸을 웅크리고 웅크리다가 공이 되어버렸을 것이다.

벳시 소프, 돈 오말리, 퀸 데이비슨에게. 당신들은 쓰레기 같은 초고 시절부터 출판 직전 원고까지 다양한 단계마다 이 책을 읽어주었고 귀중한 편집을 제공해주었다. 로지 몰리너리, 당신은 나를 끊임없이 지지해주었고 이 집필계획을 끝까지 믿어주었다. 에이미 콤스 박사, 당신은 궁지에 몰렸던 마지막 장에서 지혜를 빌려주었다. 정말 감사드린다.

중학시절 친구를 사귀는데도 너무나 서툴렀던 여자애가 어쩌다가 이렇게 훌륭한 여성들을 많이 만나게 되었는지 나도 모르겠다. 사라 코놀리와 제나 글래서—고교시절 나를 구원하러 왔다가 평생 내 곁에 머무르고 있는 일생의 사랑!, 제니 오브리언, 메리 크로우, 크리스타 헤이스—대학시절 이후로 오랫동안 내게 안전지대를 벗어나 요란하게 사는 법을 보여주었던 친구들, 앤지 스카보네, 케이트 위버, 드니즈 버커드, 애쉴리 이카드, 돈 오맬리—어른이 되어 만났지만 다시 열세 살 소녀처럼 웃게 해준 이들—에게 감사한다. 당신들은 모두 좋은 친구란 엉뚱하고 온정적이고 다정하고 편안하다는 것을 알려주었고 소중한 우정은 시간과 장소를 무시한다는 사실을 보여주었다.

아테나의 길과 영웅의 추구 교육과정의 모든 교사들, 특히 학생들 하나하나를 붙잡고 방안에 혼자 앉아 머리빗을 쥐고 노래를 부를 때에도 자신이 누구인지 기억하고 사는 사람이 되라고 가르치는 젠 콘스탄티에게 감사드린다. 어딜 가든 자랑스럽게 횃불을 치켜들고 다니는 젠 보아에게 감사드린다. 소중한 '남자의 관점'을 제공하고 가르침과 배움을 존중하는 자세를 보여준 웨스 칼브레스에게 감사드린다. 오랫동안 여학생들에게 강력한 역할모델이 되어준 보니 클레프만에게 감사드린다.

함께 해온 혹은 페이스북에서 함께 놀아준 모든 부모들에게, 이 책의 끝줄까지 지지와 응원을 보내줘서 고맙다. 당신들의 열정이 내겐 연료다.

반짝이는 창의력과 오랜 시간 헤아릴 수 없는 지지를 보내준 애쉴리 인저에게 감사드린다.

항상 조건없는 사랑을 보내준 어머니 쉴라에게 감사드린다. 글을 쓰는 동안 보내준 따뜻한 식사도. 내가 처음 걸음마를 뗐을 때부터 지금까지 걸음걸음마다 보내준 흔들림없는 지지도.

나를 길러주시고 내 아빠라고 생각하게 해준 새아버지 척에게도 감사드린다. 무엇보다 나를 가르쳐주어서, 내가 사랑하는 삶을 가능하게 해주어서 감사드린다.

내게 영감을 심어주고 나를 지지해준, 너희 세대 때문에 이 세상이 더욱 살기 좋은 곳이 될 것이라고 믿게 해준, 글을 쓰느라 피곤하고 짜증스럽고 저녁 요리도 할 수 없게 된 엄마에게 여전히 다정하게 대해준 내 아이들 엘라와 데클란에게 고맙다. 비록 마감에 가까워졌을 때 너희가 몰래 이 집에서 패스트푸드를 즐겼다는 사실을 알고 있지만.

가장 중요한 사람, 나의 남편 트래비스. 우리 가족이 편안하고도 모험적인 삶을 살 수 있게, 특히 내가 이토록 큰 만족감과 기쁨을 느끼는 일을 자유롭게 할 수 있게, 매일 고된 일을 도맡아 희생해준 점 진심으로 고맙다. 당신은 내가 아는 최고의 남자다. 당신이 그날 밤 술집에서 내게 말을 걸어줘서 얼마나 기쁜지. 알고 보니 정말 잘된 일이었다. 사랑한다.

방문을 닫는 아이
대화를 여는 아이

2020년 5월 12일 초판 1쇄 인쇄
2020년 5월 20일 초판 1쇄 발행

지은이	미셸 이카드
옮긴이	이주혜
발행인	윤호권 박헌용
책임편집	신수엽
마케팅	조용호 정재영 이재성 임슬기 문무현 서영광 이영섭 박보영

발행처	(주)시공사
출판등록	1989년 5월 10일(제3-248호)
주소	서울시 서초구 사임당로 82(우편번호 06641)
전화	편집(02)2046-2861 · 마케팅(02)2046-2881
팩스	편집 · 마케팅(02)585-1755
홈페이지	www.sigongsa.com
ISBN	979-11-6579-018-9 13590

이 도서의 국립중앙도서관 출판예정도서목록(CIP)은 서지정보유통지원시스템 홈페이지
(http://seoji.nl.go.kr)와 국가자료종합목록 구축시스템(http://kolis-net.nl.go.kr)에서
이용하실 수 있습니다. (CIP제어번호 : CIP2020017283)